智慧物联网：多模态服务技术

张普宁　吴　超　杨慧娉　张　鸿　孙美玉　著

科学出版社

北　京

内 容 简 介

多模态服务作为知识构建与服务的纵深化发展,萌发了万物智联时代的诸多新应用、新业态、新模式。本书在现有物联网、人工智能、云计算、边缘计算等使能技术基础上,从多模态数据感知、多模态数据推理、多模态数据搜寻、多模态情感分析等方面论述面向智慧物联网的多模态服务技术及其理论。同时,本书结合作者十余年在相关领域的研究展开探讨,为从事物联网领域研究的同仁提供有益参考。

本书可供信息与通信工程、计算机科学与技术、网络空间安全等学科领域的科研、教学人员参考,也可供上述领域的企业工程技术人员阅读。

图书在版编目(CIP)数据

智慧物联网:多模态服务技术 / 张普宁等著. -- 北京:科学出版社,
2025. 3. -- ISBN 978-7-03-081581-1

Ⅰ. TP393.4;TP18

中国国家版本馆 CIP 数据核字第 202595YL20 号

责任编辑:孟　锐 / 责任校对:彭　映
责任印制:罗　科 / 封面设计:墨创文化

科 学 出 版 社 出版

北京东黄城根北街16号
邮政编码:100717
http://www.sciencep.com

四川青于蓝文化传播有限责任公司 印刷

科学出版社发行　各地新华书店经销

＊

2025 年 3 月第　一　版　　开本:B5 (720×1000)
2025 年 3 月第一次印刷　　印张:10
字数:205 000

定价:128.00 元
(如有印装质量问题,我社负责调换)

序

物联网经过数十年的发展，目前已在智慧交通、智能电网、智能家居及智慧农业等领域得到广泛应用。人工智能技术的兴起，为物联网赋予了新的内涵。随着国家将物联网技术与产业的发展作为"十四五"规划的重点建设内容，越来越多的从业者和研究人员投入该领域的研究。其中，多模态服务技术作为智慧物联网应用发展的重要使能技术，许多国家的政府、科研机构、行业公司都对其倾注了大量的研发力量。

张普宁老师所在团队获得首批"全国高校黄大年式教师团队"称号，他长期从事物联网领域的前沿技术研究，在多模态服务技术方面积累了一系列高水平研究成果。在阅读该书过程中，我深切感受到作者为推动该领域技术的进步及赋能行业发展所付出的努力与思考。该书视角独特、内容丰富，在现有物联网、人工智能、云计算、边缘计算等使能技术基础上，论述了多模态数据感知、遮挡目标识别、多模态联邦计算、多模态数据推荐、个性化加密搜寻、多模态情感分析等关键技术。书中关于智慧物联网多模态服务技术的论述，对未来物联网的发展具有重要参考价值。

该书循序渐进地探讨了物联网与人工智能深度融合的演进路线，深入浅出地论述了多模态服务技术赋能物联网应用发展的研究成果。建议从事本领域研究的学者或对本领域感兴趣的研究人员阅读该书，也呼吁更多的研究人员能投身物联网领域的技术研究与应用发展。

陈建平

2024 年 6 月于重庆

前　　言

当前，科技创新速度显著加快，以第六代移动通信技术(6th generation mobile communication technology)、人工智能、边缘计算为代表的新兴科技快速发展，大大拓展了人们对时间、空间的认知范围，人类正在进入一个"人-机-物"三元融合的万物智能互联新时代。近年来，智能终端设备及其产生的数据都呈现爆发式增长的态势，智能网联汽车、智能制造、虚拟现实、增强现实等新业务的出现都对物联网的通信-计算-服务能力提出了较高的要求。感知模式蜕变、数据模态多样、数据空间膨胀、知识抽取困难、隐私数据保护等问题都给物联网的下一阶段发展带来了诸多挑战。

智慧物联网下的多模态数据在存储结构、表现形式、语义内涵、可信度等方面都不尽相同，通过综合利用自然语言处理、深度学习、语义理解、统计分析等技术方法，对多模态信息资源进行不同层次、不同维度的收集、处理、关联，可为用户在特定主题下的特定需求提供具有针对性的多模态信息服务。通过阅读本书，希望可以使读者对智慧物联网多模态服务技术有系统的理解，包括但不限于其产生的背景、定义、架构、应用场景以及关键技术，为读者的进一步研究提供参考。

本书共 7 章，主要涵盖智慧物联网多模态服务的部分关键技术和作者的阶段性研究成果。第 1 章回顾智慧物联网的概念、演进及架构与应用，介绍多模态服务技术研究现状，并结合研究现状分析多模态服务技术存在的问题以及面临的挑战；第 2 章提出群组协作的多模态感知服务技术；第 3 章研究跨层协同的遮挡目标识别技术；第 4 章研究资源高效的多模态联邦计算技术；第 5 章研究跨域迁移的多模态推荐服务技术；第 6 章研究个性增强的实体加密搜寻服务技术；第 7 章研究性格感知的多模态情感分析服务技术。

本书由重庆邮电大学出版基金资助，由重庆邮电大学张普宁组织撰写并统稿，其他参与撰写的人员有招商局检测车辆技术研究院有限公司吴超，重庆移通学院杨慧娉，重庆邮电大学张鸿、孙美玉等。其中，第 1 章由张普宁、吴超、伍婷婷、孙美玉撰写；第 2 章由杨慧娉、管芃、先子云撰写；第 3 章由吴超、杨慧娉、黄凤仪、严利晨撰写；第 4 章由张鸿、吴超、杨慧娉、陈伟、胡迪撰写；第 5 章由吴超、刘欢、樊夏铭撰写；第 6 章由张普宁、吴超、孙美玉撰写；第 7 章由杨慧娉、赵容剑、付秒撰写。感谢他们对本书最终的完成所做的重要贡献。

本书的顺利完成离不开家人的无私支持，值此工作完成之际，以此书作为答谢，感谢他们的关心和照顾。

限于作者的认知水平，书中不足之处在所难免，恳请读者不吝赐教。

张普宁

2024 年 6 月 10 日

目　　录

第1章 绪 论

1.1 智慧物联网概念及演进

1.1.1 智慧物联网概念

人类经济与社会的飞速发展伴随着网络互联技术的进步,当前,网络互联设备已成为人类发展繁荣不可或缺的基础设施。Machina Research 的统计数据显示,2010~2022 年间全球物联网设备连接数高速增长,由 2010 年的 20 亿个增长至 2022 年的 144 亿个,年复合增长率达 17.88%,2025 年全球物联网设备(包括蜂窝及非蜂窝)联网数量将达到 251 亿个,万物互联成为全球网络未来发展的重要方向。2021 年 3 月 11 日,第十三届全国人民代表大会第四次会议批准了《中华人民共和国国民经济和社会发展第十四个五年规划和 2035 年远景目标纲要(草案)》,将物联网技术与产业的发展提升到了新的战略高度。

物联网(internet of things,IoT)技术使全球物理实体之间、物理实体与社会实体(人)之间紧密无间地互联,使之产生通信连接,形成数据流通,为人类观察所处的物理世界提供了微观、量化的视角,使我们明白外部世界的运作规律与特点。IoT 技术的飞速发展引领产业升级,同时对其技术的演进也有了更高的要求。近年来,IoT 终端设备大规模普及,导致终端数据和连接呈井喷式增长,海量数据连接需要更高计算能力的 IoT 网络架构实现数据的及时分析和处理;同时,IoT 业务不断衍生,广泛应用在智慧交通、智能电网、智能家居及智慧农业等领域,许多特殊的应用场景,如实时路况预警、安防监测、自动驾驶等,对数据实时性要求较高,需要网络进一步降低数据的传输时延。传统无线网络架构的处理和计算能力已不足以支撑 IoT 的深度覆盖和海量连接,同时云计算中心距 IoT 终端较远,难以满足低时延业务的实时性要求。

2017 年 11 月 28 日,"万物智能·新纪元 AIoT 未来峰会"首次公开提出了人工智能物联网(artificial intelligence of things,AIoT)的概念。自此,AIoT 进入学术界与工业界的视野,逐步成为研究热点。目前,针对 AIoT 的概念,业界并未达成一致。《2020 年中国智能物联网(AIoT)白皮书》中指出:AIoT 是人工智能与物联网的协同应用,通过 IoT 传感器实现实时信息采集,而在终端、边缘域或云端进行数据智能分析,最终形成智能化生态体[1]。

随着海量联网设备产生的大量数据,用户在面向如此浩瀚的数据空间时,在数据服务方面面临极大的挑战。

(1) 感知模式蜕变：固定部署感知设备难以满足智慧城市等新型物联网应用的需求，成本低廉、灵活感知、便捷观测成为急需的新型感知模式。

(2) 数据模态多样：海量的物联网设备产生了多种模态的数据，如文本、视频、图像、音频等，处理起来更加复杂、困难，需考虑如何将不同模态的数据特征进行融合，从而推理出用户决策所需知识。

(3) 数据空间膨胀：数以亿计的物联网设备时刻在产生其观测实体的状态数据，导致数据空间的样本数量激增，兴趣数据的搜寻区域难以收敛。

(4) 知识抽取困难：数据应用的问题已非数据本身，而是如何从多源异构、多维异质的数据凝练、提取出其蕴含的高维知识，从而为用户的决策提供依据。

(5) 隐私数据保护：物联网数据具有较强的时空属性，用户的数据服务极易由服务结果推理用户的个性偏好、家庭住址、宗教信仰等，同时，数据的提供者也有匿名、加密等保护需求，如何在保障用户隐私的基础上，为用户提供个性化服务面临严峻挑战。

随着万物智联时代的临近，物联网与人工智能 (artificial intelligence，AI) 被视为重塑未来商业模式，甚至是变革人类生活模式的关键所在。通信技术的升级仅解决了物联网的联网层面问题，如何对多源异构、体量巨大、价值密度低的物联网数据进行灵活精准感知与智能融合计算，从而为物联网用户提供多样化、时效性、智慧化的服务是物联网发展的瓶颈所在[2]。多模态服务技术对支撑 AIoT 的智能化应用具有极其重要的作用，其通过灵活、先进的感知方式将物理空间环境多模态信息映射至网络空间，从多源异构的物联网原始数据中感知到人类行为活动信息，并将服务无缝地融入物理世界、社会活动中，为用户提供实时、智能而又富有个性化的物联网多模态服务。

1.1.2 智慧物联网演进

目前，AIoT 自提出以来仍处于初步发展阶段，但 AIoT 作为 IoT 2.0 版，可以继承 IoT 已有的通用协议、标准、关键技术等，在 IoT 基础上实现 AIoT 中的"AI"将会大大加快其发展步伐。

从设备接入规模的角度来说，AIoT 作为下一代互联网的发展浪潮，海量设备持续接入网络，据咨询机构 McKinsey 报告估计，每秒有 127 台设备首次连接到互联网。截至 2022 年，全球活跃的物联网设备超过 144 亿台，到 2025 年，物联网设备生成的数据量将达到 73.1ZB，企业在物联网上的投资总额可能高达 15 万亿美元[3]。可见，前几年 AIoT 发展的浪潮仍在席卷全球，而在未来很多年中这种现象将会继续保持。大规模设备的接入导致海量数据的产生，这为 AIoT 关键技术的研究和相关领域应用提供了源源不断的驱动力和支撑力。

从 AIoT 系统架构来说，云-边-端协同架构可以为 AIoT 提供高效计算能力与服务[4]，其融合了新兴的云计算、边缘计算等技术，相较于传统的云-端协同架构具有更强的分布式并行处理能力和及时的快速服务能力，而相较于受众面较窄的边-端协同架构具有更强的全局服务能力及功能扩展能力，这种三层协同架构在面向不同的服务和应用时可以根据需求灵活设计，为三层的设备角色按需分配任务，形成三位一体协作体系，这一架构在未来 AIoT 发展中仍然适用。

从关键技术研究的角度来说，除了现有 IoT 方面的研究外，AIoT 相较于 IoT 在"智能"方面呈现更加突出的趋势，其更强调事物或服务的"智能"能力。目前自然语言处理、目标识别、自动控制、推荐系统等方向在 AIoT 研究中开始崭露头角，也有些研究不关注最终应用场景，而是只提出某种高性能的智能推理框架，也有一些研究致力于将高密度计算下沉至边缘设备，从而在资源受限的设备上实现边缘智能。

从 AIoT 产品研发角度来说，全球众多型企业已经对 AIoT 产品发展投入了非常多的关注，例如，亚马逊以智能音箱 Echo 为切入点，进军 AIoT 产业。智能扬声器和智能显示器成为谷歌 AIoT 的主力军，谷歌正在围绕智能助理 Google Assistant 构建物联网操作系统 Android Things。在 2019 年的国际消费类电子产品展览会(International Consumer Electronics Show，CES)上，苹果公司将 AirPlay 2 和 HomeKit 协议开放给更多的第三方硬件厂商，旨在强化、完善自己的 AIoT 生态。阿里巴巴集团将 AIoT 作为继电商、金融、物流、云计算之后的第五条主赛道。特斯联科技利用 AIoT 赋能传统行业，助力产业智能化升级，是 AIoT 赛道的独角兽企业。

从 AIoT 应用领域来说，AIoT 将继续继承现有 IoT 应用并进一步实现智能化应用，其在家居、工业、医疗、交通、安防、园区、农业、军事等多个领域都会继续展现新的活力，存在巨大的应用价值和潜力。

在未来，AI 技术将渗透到云、边、端和应用的各个层面，与 IoT 设备进行深度融合。物联网一定是高度智能化的网络，"智能"将是物联网时代最核心的生产力。

1.2　智慧物联网架构与应用

1.2.1　智慧物联网架构

AIoT 旨在为传统 IoT 赋予智能，人工智能、云计算、边缘计算等新技术的融合是实现 IoT 迈向高层次、智慧化应用的有效途径[5]。为此，研究人员将云计算技术应用于物联网中[6]，有效解决了物联网终端设备的计算、通信与存储能力受限问题，然而，终端设备和云服务器之间有限的带宽、超长距离的通信链路带来了高负载、高时延、隐私泄露等问题。研究人员进一步提出边缘计算架构，边缘服务器邻近用户与数据源的特点可有效缓解云计算模式的问题，然而，边缘计算作为一种分布式计算模式，仅掌握局部信息而非全局信息，且资源也相对受限。随着终端设备算力的日益增强及用户隐私保护需求的日渐高涨，云-边-端协同模式进入了研究人员的视野[7]。云中心可对全局数据进行深入分析，适用于非实时数据处理场景；边缘服务器侧重于局部，适用于小规模、实时智能分析任务；终端可充分利用边缘服务器与云中心的计算能力，将自身可卸载组件迁移至多个边缘或者云端，以并行处理的方式最小化服务应用时延。因此，为了满足多样化、智能化、个性化的应用服务需求，未来的 AIoT 将是云-边-端协同的体系架构。

云计算概念的提出改变了人们日常工作和生活的方式。IoT 数据在地理上分散，随着计算机技术和网络通信技术的发展，实现物与物之间数据信息的实时共享，以及智能化的实时数据收集、传递、处理和执行尤为重要。云计算虽然为数据处理提供了高效的计算平台，但是目前网络带宽的增长速度远远落后于 IoT 数据的增长速度，基于云计算模型的单一计算资源已不能满足海量数据处理的实时性、安全性和低能耗等需求。为了满足数据传输过程在快速连接、实时响应、数据优化、应用智能、安全与隐私保护等方面的关键需求，需要充分利用传感器节点、智能手机等终端以及蜂窝基站等基础设施所组成的边缘网络，在靠近数据源头的网络边缘处理物联网应用所请求的内容，提供边缘智能服务，达到优化连接、卸载流量、增强体验的目的。在现有的云计算模型为核心的集中式大数据处理基础上，急需以边缘计算模型为核心，面向海量边缘数据的边缘式数据处理技术。

边缘计算并不是为了取代云计算，而是对云计算的补充和延伸，为移动计算、物联网等提供了更好的计算平台。边缘计算模型需要云计算中心的强大计算能力和海量存储的支持，而云计算也同样需要边缘计算中边缘设备对海量数据及隐私数据的处理，从而满足实时性、隐私保护和能耗优化等需求。为此，本书提出了云-边-端协同的 AIoT 架构，如图 1.1 所示。该架构通过云-边-端协同计算为物联网应用提供资源与服务，通过三者的相辅相成、各取所长，可以极大地提高整个系统中资源的最大使用效率和传输效率，保证处理的实时性，同时，三者还可以根据当前的状态以任务迁移的方式动态地进行调整，达到均衡计算负载的目的，最终实现 AIoT 的深度覆盖和海量连接。

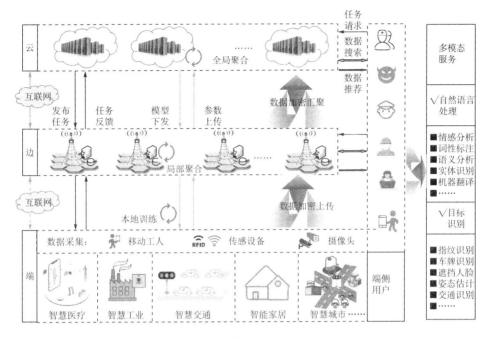

图 1.1 云-边-端协同的 AIoT 架构

"云"是传统云计算的中心节点，云端数据中心；"边"是云计算的边缘侧，分为基础设施边缘和设备边缘；"端"是 IoT 终端设备，如手机、智能化电气设备、各类传感器、摄像头等。当 IoT 终端设备产生数据或任务请求后，通过边缘网络将数据上传至边缘服务器，由位于边缘计算中心的边缘服务器执行计算任务。计算量较大、复杂度较高的计算任务将由边缘计算中心向上通过核心网迁移至云计算中心。待云计算中心完成大数据分析后再将结果和数据存储至云计算中心或将计算结果、优化输出的业务规则、模型通过核心网下发至边缘计算中心，由边缘计算中心向下通过边缘网络将计算结果传输至 IoT 终端设备。最后边缘根据云计算下发的新业务需求进行业务优化处理。

从各类网元所执行的基本功能来看，该体系结构具有较强的层次化特征，可分为 AIoT 终端、边缘和云三层。其中，计算、存储能力有限的 AIoT 终端主要负责对给定事务状态参数的采集和转发，并执行一些简单的数据处理；边缘和云主要根据数据的实时性以及流量和访问服务器的频次，分别对不同业务数据进行收集、传递、处理和执行，并以动态的方式为业务请求网络资源。

从实现 AIoT 服务来看，该体系结构主要对 IoT 数据进行感知和计算。在这种模式下，云、边、端凭借各自的运算和处理能力，通过人工智能和高级分析对 IoT 数据进行挖掘，产生新的知识。新的知识通过云-边-端计算智能地处理 IoT 任务，提升对不同状态做出响应的准确度和效率，最终实现"无人参与的 AIoT"。

1.2.2 智慧物联网应用

在过去的几年里，AIoT 迅速发展，目前 AIoT 已经在智能家居、智慧城市、智能安防以及智慧工业等领域得到了广泛应用。

1. 智能家居

智能家居旨在将家中的各种设备通过物联网技术连接到一起，并提供多种控制功能和监测手段。与普通家居相比，智能家居不仅具有传统的居住功能，并且兼具网络通信、信息家电、设备自动化等功能，提供全方位的信息交互，甚至可以为各种能源费用节约资金[8]。目前的智能家居是通过局域网络将家庭内部的智能设备连接起来，实现一些自动化控制的功能，相较以前，这似乎已经将生活变得非常"智能"。但 AIoT 将赋予智能家居真正的智能，AIoT 研究的一部分就是变家庭自动化为家庭智能化。通过 AI 赋能的智能家居可以通过对用户行为的学习与分析，自动调整整个智能家居系统的对外反馈，为用户提供一个动态的控制模型。通过 IoT 系统捕捉到的数据被 AI 芯片分析后可以掌握用户的习惯，并以指令形式进行存储，在用户不知不觉间就完成了整套计算，在需要的时候，恰到好处的指令反馈可以让用户感受到更加完善的用户体验。

2. 智慧城市

智慧城市旨在利用各种信息技术或创新理念，集成城市的组成系统和服务，提升资源运用效率，优化城市管理和服务，改善市民生活质量。智慧城市是未来城市的主流形态，而万物互联只是城市智能化的基础，在 AI 的加持下，城市将拥有"智慧大脑"，为城市增加智能元素，最大化地助力城市管理。AIoT 可以创造城市精细化新模式，真正实现智能化、自动化的城市管理模式。AIoT 依托智能传感器、通信模组、数据处理平台等，以云平台、智能硬件和移动应用等为核心产品，将庞杂的城市管理系统降维成多个垂直模块，为人与城市基础设施、城市服务管理等建立起紧密联系。借助 AIoT 的强大能力，城市真正被赋予智能，如智能调节红绿灯等，城市将更懂人的需求，带给人们更美妙的生活体验[9]。

3. 智能安防

智能安防技术的主要内涵是安防系统的自动化、智能化。就智能安防来说，一个完整的智能安防系统主要包括门禁、报警和监控三大部分。目前，单一的安防数据已经不足以解决安全问题，缺乏多维数据碰撞的系统仅实现了单点智能，更何况当下安防系统友好性偏差、效率偏低，AIoT 的加入能够更好地解决这些问题，为智能安防带来新的活力。首先，AIoT 助力之下的智能安防在居家安全、消防、独居老人人身安全或宠物的照料等方面具有更高的应用价值。除了加强语音控制功能，AIoT 还可进行影音同步整合。其次，在国土防灾领域，AIoT 也有非常大的用武之地，近年来中国力推智慧防灾，广泛普及智慧影响分析、中控平台及无线传输与存储等，智能安防结合 AIoT 技术可监测河川、水坝以及桥梁等，让安防智能化真正惠及人民安全[10]。

伴随着万物互联时代的到来，AIoT 将成为安防行业应用的必然趋势，今后的安防行业应用必将是融合视频图像数据、物联网感知数据、互联网业务数据的横跨多网络、纵向多层汇聚的物信融合大数据平台，实现"人""地""物""场""网"多维度数据融合应用，形成覆盖全面、信息多维、来源广泛的物信融合大数据，为安防用户提供基于全域的人、车、场所多维数据分析应用。

4. 智慧工业

AIoT 在工业领域具有非常广阔的应用前景，其主要应用在工业机器人领域。在自动化普及的工业时代，生产过程将实现完全自动化，机器人具有高度的自适应能力，工业机器人会在 AIoT 的辅助下，实现机器智能互联。此外，AIoT 还可以帮助管理者更加自如地操控机器人，尤其在一些工业危险领域，以机器人代替人工，进一步发挥 AIoT 的作用。工业物联网的野蛮生长为这种主动智能的发展奠定了基础。借助 IoT 技术，遍布传感器的工业现场每天产出数量惊人的数据，而这些数据是培育工业 AI 的最好土壤。AI+IoT 的形式，将为工业带来更多可能。基于 AI+IoT 的智能自动化、智能创新，将明显提升生产效率、产线良品率，加快产线部署、转型速度，实现定制化、柔性生产[11]。

1.3　智慧物联网多模态服务技术研究进展

以习近平同志为核心的党中央高度重视数字经济发展，明确提出数字中国战略，习近平总书记强调，加快数字中国建设，就是要适应我国发展新的历史方位，全面贯彻新发展理念，以信息化培育新动能，用新动能推动新发展，以新发展创造新辉煌[12]。《中华人民共和国国民经济和社会发展第十四个五年规划和2035 年远景目标纲要》（以下简称《规划》）中提出"加快数字化发展，建设数字中国"，深刻阐明了加快数字经济发展对于把握数字时代机遇，建设数字中国的关键作用。

"大数据"一词在《规划》的征求意见稿中数十次被提及。《规划》中重点提到推动"信息数据"等服务业的创新发展，这也是大数据产业发展的全新侧重点，即作为服务供给的新业态和新模式。大数据技术的提供形态已经从几年前的

"产品为主"演化为"服务为主"，提供多种底层技术协同并且在开发运营等各环节提供便捷服务的解决方案，日益成为大数据供给侧的主流选择。《规划》重点强调了大数据的应用服务，包含"推动大数据采集、清洗、存储、挖掘、分析、可视化算法等技术创新，培育数据采集、标注、存储、传输、管理、应用等全生命周期产业体系，完善大数据标准体系"等内容。

随着物联网海量数据资源的快速增长，过去单一的文本信息形式已逐渐发展为文本、图像、视频、音频等多模态的信息形式，数据信息总量的增多导致各类物联网多模态服务应运而生，并且越来越多地服务于广大用户。人们已经不再满足于单一的文本信息的获取和使用，取而代之的是更加智能化、个性化、多样化的信息与知识产品服务，如获取文本、语音、图像等多种信息形式综合的多模态信息融合产品服务。在智慧物联网时代，可利用无处不在的感知资源，包括摄像头、射频识别(radio frequency identification，RFID)、无线保真(wireless fidelity，Wi-Fi)、红外、声波、毫米波等，产生丰富的多模态感知数据，进而通过机器学习和深度学习等方法实现用户的多模态服务。

多模态数据是指来自不同信息源的对同一个描述目标的不同或者相同维度的数据，这些数据在存储结构、表现形式、语义内涵、可信度、侧重点等方面都不尽相同，但它们之间却存在着某种必然的联系。分析多模态数据的形成不难发现，由于用户个体在文化背景、知识结构、知识水平之间存在差异，对同一知识必定会产生差异性的理解与表述，这就产生了数据资源的异构化，只有通过多模态数据的结构化融合，并利用人工智能的算法、模型和技术对多模态数据进行分析，得到关于人和环境的情境状态，才能为人在合适的时间、地点提供智能的服务。多模态服务是知识构建的纵深化发展，通过综合利用自然语言处理、语义理解、统计学分析等技术方法对多模态信息资源进行不同层次、不同维度的处理、关联、有序化，从而对特定知识资源进行结构上和内涵上的优化，最终对用户的特定主题下的特定需求提供具有针对性的决策支持[13]。例如，为了实现自动驾驶，智能汽车部署了激光雷达、毫米波雷达、超声波传感器、音频传感器、视频传感器、红外传感器等不同类型的感知设备，以便获得更加全面的信息，进而增强系统的可靠性和容错性。

1.3.1　多模态数据感知服务技术

在智慧物联网尤其是智慧城市等典型应用场景中，感知用户的评论文本、街道的街景图像、道路的交通状况视频、社区的噪声水平、城区雾霾指数等多模态数据，对提高政府的城市治理水平、提升物联网服务的智能化水平大有裨益。然而，智慧物联网的泛在感知范式决定了固定部署的传感器无法满足全时空多模态数据感知需求。移动群智感知技术基于众包思想，以其灵活、低成本等优势，成为智慧物联网多模态数据感知服务的重要技术。

基于移动群智感知的多模态数据感知方面的研究成果主要为任务分配、参与者激励和隐私保护。在任务分配方面，聚焦于任务请求者发布的各种感知任务，感知平台对任务与注册的参与者的属性进行分析之后，根据系统优化目标 (例如，平台效用、任务感知质量以及任务成本等) 和约束条件 (例如，任务预算、任务时间以及任务类型等) 将感知任务分配给特定的任务参与者。在参与者激励方面，由于参与感知任务可能会产生成本和风险，参与者不愿意主动分享自身的感知能力。因此，需要设计足够的奖励机制 (例如，金钱、游戏以及虚拟积分等) 来弥补参与者在完成感知任务的过程中所付出的成本。在隐私保护方面，在感知任务的执行过程中，用户可能会根据任务情况和感知平台之间进行多次交互，如果没有适当的隐私保护机制，用户的隐私可能会受到威胁。因此，需要设计隐私保护机制 (例如，数据加密、去中心化以及用户匿名等) 来保证参与者在完成感知任务的过程中隐私不会发生泄露。

为了实现 AIoT 在智慧城市应用中的大规模以及实时、灵活的多模态数据采集，时空覆盖类任务成为当前的研究热点。在时空覆盖类任务的研究中，任务请求者可以发布请求特定区域感知数据 (例如，温湿度、空气质量以及噪声等) 的任务，感知平台邀请任务参与者移动到任务指定的目标位置来执行任务。当前的研究主要包括几类，即通过设定目标 (例如，计算效率、个体理性和真实性等) 激励参与者进行时空任务感知、利用数据的时空相关性进行缺失数据的推断和利用改进的加密技术设计隐私保护机制来保护参与者完成感知任务的时空信息。

1.3.2　多模态数据推理服务技术

AIoT 多模态数据具有同质与异质两种形态，同质数据具有相同维度的物理对象表征，异质数据代表同一感知对象或不同感知对象的不同维度表征。AIoT 多模态同质数据在数据分布、承载平台资源等方面存在极强的异构特征，如何考虑数据与平台的异构性来进行推理方法的研究是解决 AIoT 多模态同质数据推理问题的关键。异质性是 AIoT 数据的本质特征之一，即 AIoT 中不同来源的数据本质上有许多不同类型和表示形式，包括文本、图像、视频、音频等。多模态异质数据可表征同一感知对象不同物理维度的状态，如何由同一物理对象不同模态的感知数据推理出该物理对象的高级融合状态知识，从而为 AIoT 服务应用提供智能化的决策参考，是未来 AIoT 应用迈向智慧化的核心所在。

1. 多模态同质推理

在 AIoT 中使用多模态同质数据融合推理方法，能对 AIoT 服务应用中海量的同质数据进行融合，并挖掘出有价值的信息加以利用。常见的同质数据融合推理应用如目标检测与识别等，利用多个图像采集设备拍摄的特定目标图像，通过构建目标识别模型来对特定目标进行检测识别，是 AIoT 的主要服务应用业务模式。现有的多模态同质数据融合推理方法主要分为集中式与分布式两种。

集中式的同质数据融合推理模式，由感知存储数据的终端设备将终端数据上传至强大的计算平台进行训练，例如，云数据中心、计算密集型的边缘节点等。但随着 AIoT 场景对数据处理能力的要求越来越高，承载的应用更加多样，面临的安全威胁也更加复杂，数据所有者对隐私泄露问题也越来越敏感。传统集中式的同质数据推理无法在保证数据隐私安全的基础上进行有效学习。分布式的同质数据推理应运而生，其中最具代表性的为联邦学习，基于联邦学习架构的融合推理技术可在保障数据持有者隐私的基础上，推理多数据持有者的同质数据所表征的领域知识。为了保证分布式的多源异构数据可部署于个人设备上，并促进分布式设备中的复杂模型的协作机器学习，在联邦学习架构中，设备使用其本地数据来协同训练所需的机器学习模型。随后，将模型参数发送到联邦参数服务器进行聚合。重复多轮该步骤，直至达到预定的训练精度要求。与传统集中式的训练相比，联邦学习具有以下优点：①能高效使用网络带宽，只需要将较少的信息传输到服务器，因此降低了数据通信的成本并减轻了骨干网络的负担；②保证了数据的隐私安全，不需要将用户的原始数据发送到云端，在联邦学习参与者和服务器是非恶意的假设条件之下，这保障了用户的隐私安全，并降低了一定程度的窃听概率；③降低了延迟，使用联邦学习架构可以持续训练和更新模型参数，可以在边缘节点或终端设备本地进行实时决策。目前，基于联邦学习的多模态同质推理主要聚焦于计算和通信高效、异构联邦学习、联邦学习公平性、自适应联邦学习、联邦学习安全性等方面。

2. 多模态异质推理

多模态异质推理是充分利用同一物理对象的多个模态数据的互补性，为模型提供可靠的推理结果。根据异质数据的融合框架，该技术可以分为数据层融合、特征层融合、决策层融合，其中数据层融合推理直接整合原始高维异质数据，可以实现异质数据间较低层面的交互，多模态数据融合后只需训练一个高维异质数据模型。特征层融合旨在融合更高层面的特征，能够复用异质数据预训练的特征提取模型，因而更加灵活。决策层融合推理集成来自高维异质数据的预测结果，因此可以使用不同的模型来更好地描述高维异质数据的特征。

根据推理方法，异质数据融合可分为多核学习方法、概率图模型和深度神经网络。根据特征融合方式，该技术可以分为联合特征学习和协调特征学习，其中联合特征学习将来自高维异质数据的特征转换为一个联合特征，常用于识别或者检测高维异质数据，协调特征学习将单独处理不同维度的异质数据来学习单一特征。同时，通过基于相似性或者距离的限制条件促进高维异质数据信息之间的交互，因此，对于协调特征学习来说，由训练得到的特征空间以及异质数据之间的限制关系可以推理出其他维度缺失的异质数据(或特征)。

1.3.3 多模态数据搜寻服务技术

数据搜寻服务技术能够根据用户的意图精确匹配兴趣信息，大大减少不必要的通信负担，使用户访问信息资源更加智能化、便利化。按需高效地搜寻 AIoT 多模态数据是 AIoT 的核心服务内容，是支撑 AIoT 第三方服务应用的数据底座。传统的互联网数据搜寻服务主要面向数量有限的虚拟信息资源，而非海量的物理世界有形实体，相较于虚拟信息资源，物理世界实体具有更强的时空动态特性，使其搜寻服务在数量、形式、方法上呈现出更繁复的特征。搜索空间的急速扩展、搜索对象的爆炸式增长、搜索模式智能化需求的飞速提高，导致当前的数据搜寻服务技术已无法满足 AIoT 用户的搜索需求。

目前，针对 AIoT 的多模态数据搜寻服务研究主要分为两个方面：主动式数据推荐、响应式数据搜索。其中，主动式数据推荐面向用户偏好进行主动推荐，适用于用户没有明确需求的 AIoT 服务场景。响应式数据搜索面向用户需求实现响应搜索，适用于用户具有明确搜索需求的 AIoT 场景。两种混合服务方式分别以自上而下以及自下而上的方式面向用户需求及偏好缩减数据空间，快速定位目标数据，实现 AIoT 信息的快速、准确获取，保障 AIoT 系统的服务性能。

1. 主动式数据推荐

AIoT 所构建的网络信息系统的泛在性和复杂性已远远超过传统互联网，大规模异质网元接入、异构网络的不稳定性、底层资源受限、海量数据交换、无中心控制结构等特征极大地增加了信息处理的难度，而数据搜索服务为用户获取传感器信息提供了便利，用户可以在线浏览物理实体的状态信息。但是随着物联网设备的广泛部署，人们对于实体有关数据的个性化需求日益高涨，物联网推荐技术应运而生，传统的物联网推荐技术仅从单个领域中挖掘用户的偏好，而单个领域中用户的数据往往不足，所以传统的物联网推荐技术的推荐性能相对有限，无法满足人们对于物理实体状态的感知需要。

已有的主动式数据推荐研究成果按照系统架构分类，可分为基于云计算的推荐系统、基于边缘计算的推荐系统及边云协同的推荐系统。其中，基于云计算的推荐系统通过将超文本传输协议和消息队列传输结合，在云端实现 AIoT 的推荐功能。基于边缘计算的推荐系统相比于远距离云带来的高时延通信，在 AIoT 中结合边缘计算可以有效降低推荐时延，提升推荐的实时性。边云协同的推荐系统能够兼顾传统 IoT 的泛在感知和处理特性，也能满足加入 AI 之后对存储与算力的要求，改进现有的计算框架，使之更好地处理异构和关系稀疏型 AIoT 推荐任务，满足差异化的用户需求，实现 AIoT 智能化的主动推荐服务。

已有成果按照研究方法进行分类，可分为基于迁移学习的跨域推荐、基于同质图的推荐、基于异质图的推荐。其中，基于迁移学习的跨域推荐将某个领域或任务的知识或模型应用到相关的领域中，为 AIoT 目标数据域扩充了丰富的知识及特征，有效提高了 AIoT 系统的推荐性能。基于同质图推荐，利用图神经网络对图中的边和节点数据进行特征提取和表示，能够充分利用 AIoT 海量、多源、异构的数据进行推荐。基于异质图的推荐充分利用 AIoT 中更加丰富的异质数据，有效引入先验知识，捕获异质图中的高级语义信息进行 AIoT 多模态数据的推荐。

2. 响应式数据搜索

关于 AIoT 数据搜索的研究主要包括面向数据搜索的预测机制、面向数据搜索的缓存策略、搜索情景感知及数据加密搜索等方面。

面向数据搜索的预测机制主要采用传统机器学习方法或深度学习方法，对物联网实体状态数据进行高精度预测，从而减小数据搜索的空间，减少数据搜索中的通信开销。面向数据搜索的缓存策略将数据提前缓存在边缘或者云服务器中，从而缓解终端设备的存储压力，为所有用户及时提供数据搜索服务，在通信成本和数据新鲜度损失之间取得平衡，综合保障搜索性能。搜索情境感知又可细分为基于传统方法的情境感知与基于深度学习的情境感知，通过考虑用户对物联网传感器的属性偏好，采用深度学习的方式对用户搜索情境进行感知，提升 AIoT 搜索体验。云或边缘通常被认为是"诚实和好奇"的，因而，外包存储的海量实体数据的机密性以及终端用户各方的隐私性成为影响用户搜索体验以及 AIoT 搜索领域进一步发展的关键问题之一。在数据加密搜索中，可搜索加密技术允许将数据加密后上传，并支持用户在密文域中进行搜索，可以在对外包数据进行隐私保护的同时实现关键词查询，根据加密方法构造的不同，可搜索加密可分为对称可搜索加密和公钥可搜索加密。除了带有隐私保护的数据检索外，细粒度的访问控制受到研究人员的广泛重视，属性基加密将访问策略嵌入密文或密钥中，其分为基于密钥策略的属性加密和基于密文的属性加密，仅当用户属性满足访问策略时方可解密密文，从而在数据安全检索的同时进行细粒度的访问控制。

1.3.4 多模态情感计算服务技术

情感在感知、决策、逻辑推理和社交等一系列智能活动中起到核心作用，是实现人机交互和机器智能的重要元素。人类的智能除了逻辑计算和推理，还有被情绪、感受驱动的决策和行为。正是"智商"与"情商"的有机融合构成了人类的智能。因此，对于人工智能而言，仅具有感知和识别客观数据对象的能力远远不够，拥有情感的检测、识别及表达能力才是迈向人类智能的飞跃。情感计算旨在赋予计算机系统识别、理解、表达和适应人的情感的能力来建立和谐的人机环境，并使计算机具有更高、更全面的智能。情感计算赋予机器发现和理解人类情感状态的能力，即通过分析带有情感色彩的、以多种感官数据为载体的主观性表达，识别出表达者的情感状态或倾向。

早期的情感分析研究大多聚焦于单一模态的数据，如面部表情、语音音频、语言文本或人体生理信号等，而忽略了人类情感的多维性，丧失了综合多感官数据带来的情感丰富性。近年来，随着多媒体社交网络的发展和计算机处理能力的提高，多媒体数据在互联网上呈现井喷式增长，人们在互联网上表达情感的方式和载体也越来越多样化。因此，有必要结合文本、语音、图像、视频等多种模态的数据进行情感分析，提供更准确和更全面的情感识别结果。多模态情感分析作为用户评论情感计算的一种常见情况，其采用多种输入模态，包括语音-文本、语音-视频或语音-文本-视频等。根据文本粒度的不同，多模态情感分析可以分为篇章级、句子级和方面级。目前，多模态方面级情感分析的研究主要聚焦于两方面：多模态特征提取方法和多模态特征融合方法。

1. 多模态特征提取方法

在多模态特征提取方法上，针对文本特征提取，最早使用的是基于机器学习的方法，即使用支持向量机、朴素贝叶斯和最大熵三种机器学习方法来提取用户文本评论数据特征进行情感分析。针对图像特征提取，传统的基于图像的人物面部表情特征提取方法是手工提取特征和浅层学习。最近，深度学习在表情识别和图像特征提取领域迅速发展，最经典和应用最广泛的就是卷积神经网络(convolutional neural network，CNN)。为了防止卷积神经网络层数过多导致的模型过拟合问题，正则化操作被应用于模型训练阶段。另一种重要的方法是深度置信网络，其基于受限玻尔兹曼机，每一层包含两部分，分别是隐藏层和可见层，在训练过程中前一层作为后一层的特征输入，是一种无监督学习的训练方式。然而，基于深度神经网络的方法需要大量的训练数据，并且可能出现泛化性减弱等问题，最终影响情感分析的精度。针对语音特征提取的研究正处于起步阶段，其仍然将传统的语音韵律特征、谱特征和音质等作为特征表征的基础。最近的研究基于神经网络的架构来提取语音特征并提高语音识别的性能。此外，基于卷积神经网络的方法通过音频特征提取原始音频信号的信息，但忽略了部分非线性特征。

2.多模态特征融合方法

在多模态特征融合方法上，根据融合层在模型中所处的具体位置，主要分为早期融合(特征级融合)和晚期融合(决策级融合)。采用特征级融合方式，生成特定于每个模态的嵌入后，融合三种模态的张量，并将其输入最终的分析模块中进行情感分析。有研究成果引入基于注意力机制的特征融合方式，动态提取存在依存关系的文本和视频模态特征，提高了模型情感分类的准确率。针对多模态特征的决策级融合方式，研究人员提出了层次化的 CNN，对输入语音特征进行识别后，将其与对应语句的文本特征交互，预测交互式对话系统中每句话的情感极性。然而，这些粗粒度的特征融合方法却不能直接应用于方面级情感分类任务，也无法挖掘出对句子中特定方面的情感倾向。为了解决上述问题，研究人员提出了多交互记忆网络，学习跨模态数据与单模态数据中与特定方面相关的自影响和模态之间的交互影响，增强细粒度的方面级情感分析。然而，现有的多模态方面级情感分析方法仅从数据域的信息出发，忽略了用户域的信息，如用户的潜在性格特征。仅考虑单一的数据域的多模态特征将导致模型对特定模态特征产生依赖，很难实现用户的真实情感个性化挖掘，造成情感分类器性能下降。

1.4   智慧物联网多模态服务技术面临问题与挑战

随着物联网、人工智能等技术的发展，计算系统正从信息空间拓展到包含人类社会、信息空间和物理世界的三元空间，"人-机-物"三元融合计算成为重要形态。它能有效协同与融合人、机、物异质要素，进而构建新型智能计算系统，是满足智能制造、智慧城市、社会治理等国家重大需求的有力支撑。智慧物联网的"人-机-物"融合、泛在计算、分布式智能、云-边-端协同等新特质，以及区别于传统物联网的体系结构为多模态服务技术的发展带来了许多问题与挑战[14]。

1.4.1   多模态数据感知服务技术

在智慧物联网中，智慧城市等典型应用场景的感知服务具有范围广、规模大、任务重等特点。针对智慧物联网感知的实时性、完整性等需求，如何对复杂场景中的目标进行全面且及时的感知是一大挑战。一方面，需要探索不同感知资源能力的差异性，并针对感知任务进行能力选择和聚合；另一方面，还需要考虑感知对象行为的复杂性和个性化特征，以适应多样化的应用场景。多模态感知服务利用大量普通用户使用的移动设备作为基本感知单元，通过物联网/移动互联网进行协作，实现感知任务分发与多模态数据感知利用，最终完成大规模、复杂的城市多模态数据采集任务，进而对大量的多模态信息进行挖掘和理解，从中获取社会情境、交互模式以及大规模人类活动和城市动态规律，并把学习到的智能信息运用到各种创新性服务中。

与传统网络相异的多模态感知方式也带来了很多新的研究问题。由于数据产生过程中人类的参与，多模态感知服务收集的数据相比传统感知网络数据具有许多新特点。由于多模态感知参与者存在着在线时间、任务回报以及位置等因素的限制，如何针对不同的多模态感知任务分配合适的任务参与者成为多模态感知的关键问题，主要需解决在特定的任务要求约束下以多模态感知任务为导向的参与者选择问题，任务分配的结果将直接关乎多模态感知任务的成败。具体而言，首先，AIoT 面临着多参与者如何协作的问题。在时空覆盖任务场景中，需要获得来自足够多的区域的多模态感知数据。单个参与者往往无法在全部时间段内覆盖整个任务区域，如何统筹多个参与者协同完成多模态感知任务面临挑战。其次，AIoT 面临"冷启动"下的任务高效分配问题。对于新成立的感知平台，感知平台中存在新老参与者交替的情况，老参与者可以通过分析参与者的历史数据进行任务分配，对于新参与者，由于感知平台没有参与者的历史信息，将会存在任务无法有效分发的"冷启动"问题。

1.4.2　多模态数据推理服务技术

人脸识别是同质多模态数据推理服务的典型应用。然而，人们在出行时若佩戴口罩遮挡面部会使人脸识别模型精度骤然下降，因此现有的遮挡人脸识别任务存在以下多种挑战。首先，遮挡人脸识别模型精度有限。现有的遮挡人脸识别模型要解决遮挡对于人脸识别精度的影响，多依靠强大的神经网络进行特征提取、特征融合和特征重建，难以达到无遮挡人脸识别时的计算精度。其次，模型复杂，难以部署于物联网设备上。现有的遮挡人脸识别模型过于复杂，网络层次较深，对于识别模型承载设备的算力要求较高，无法直接部署在资源受限的物联网智能终端设备上。最后，推理时延较长，难以满足用户的需求。现有的研究中仅基于云计算或边缘计算的识别模式会造成较长的推理时延。

在智慧物联网时代，将会存在大量具有感知和计算能力的智能体，虽然单智能体数据和经验有限，但通过群体分布式协作可实现超越个体行为的集体智慧，构建具有自组织、自学习、自适应等能力的智能感知计算空间，需基于生物群体交互式学习机理，探索融合协作、博弈、竞争、对抗等特征的群体智能分布式学习模型。基于联邦学习架构的群体智能分布式学习模式可有效解决该问题，然而，联邦推理方法面向高度异构的 AIoT 设备资源时，其提供多模态服务的时间和精度性能严重受限。具体而言，首先，联邦推理方法面临分层联邦学习的跨层资源协同问题，即云、边均采用同步聚合机制，AIoT 中不同边缘区域计算资源存在较大的差异，同步聚合的模式影响全局模型参数聚合效率。其次，联邦推理方法面临多模态联邦学习的异构资源均衡问题，即客户端选择策略在异构 AIoT 环境下难以均衡设备异构和数据异构，导致模型偏置、训练效率低等问题。此外，它还面临资源受限联邦学习的多设备协同问题，AIoT 场景中存在大量空闲的计算资源，利用闲置资源进行协同联邦训练是提供更好的联邦学习性能和改善资源利用率的关键。

1.4.3   多模态数据搜寻服务技术

针对 AIoT 推荐技术的研究尚处于初级阶段，面临许多亟待解决的问题。首先是 AIoT 实体数据稀疏性问题，AIoT 实体的多个传感器可能存在不同的采样率、精度、功耗等限制，导致部分数据无法被完整收集。并且，多模态数据的特征维度往往非常高且高度稀疏，进而影响 AIoT 实体的智能决策。其次是 AIoT 实体推荐算法冷启动问题，推荐系统无法对新加入的实体类型进行推荐。AIoT 实体中的数据具有高度异构性和复杂性，导致数据获取和处理难度较大。最后是 AIoT 实体的智能推荐算法适用性问题，AIoT 中的设备数量不断增加、设备可用性动态变化、资源受限、多种模态数据的特征差异等，导致了现有的 AIoT 实体推荐技术普遍存在结果不准确、时效性差的问题。

比起之前的 IoT，AIoT 时代首先可预见的是物理终端设备将会继续呈现爆发式增长，因此，海量的、真实的 AIoT 数据将会持续涌入互联网。相较于 IoT 场景，在搜索过程中数据隐私问题与急剧增长的搜索请求之间的矛盾日渐突出，因此，在 AIoT 中实现隐私数据搜索具有重要意义。随着可信 AI 的发展，在数据隐私搜索中继续融合 AI 技术也逐渐成为可能，在数据隐私保护基础上实现智能化、个性化等搜索功能，将大大提高服务质量。然而，已有研究面临诸多问题，首先是 AIoT 实体加密搜索的系统架构设计问题，云-边-端协同的系统架构为保证数据实时搜索、保护数据隐私提供了有效途径，但在系统架构设计时仍面临着资源分配不均、数据缓存分配不合理等诸多挑战。其次是加密搜索方案个性化性能不佳问题，已有方法没有明确的指标衡量个性化性能和用户的满意程度，且用户特征通常是高维稀疏的，使个性化性能大打折扣。最后是个性化搜索中的数据隐私问题，用户个性化挖掘方法需要基于大数据支持，海量的实体数据及用户数据完全暴露在不可信的服务器中将会带来严重的隐私泄露隐患。

1.4.4   多模态情感计算服务技术

在 AIoT 多模态情感计算服务中，如何有效学习和建模各模态间的语义特征联系是一个重要问题。目前，具有代表性的多模态情感分析研究，通过不同的神经网络架构进行多模态特征融合，以获得更具有表现力的多模态特征。现有的工作忽略了人物的潜在个性特征，仅依靠单一的多模态特征易使模型产生对特定模态特征的过度依赖，很难挖掘出人物对实体的真实情感表达。具体而言，面临以下问题：首先，用户主观性格特征难以精准建模。用户的多模态评论具有主观性，因此，需要提供一种自适应的用户性格挖掘方法，已有方法无法针对不同性格的用户多模态评论数据进行特征挖掘。其次，用户性格特征挖掘任务难以与情感计算紧耦合，已有端到端的多任务实体级情感分析方法采用的管道式的解决方案虽然设计简单，但忽略了多个子任务之间的潜在联系，极易导致错误传播。最后，多模态数据集基于用户性格特征聚类，导致数据稀疏。已有研究利用数据增强技术和动态退出机制来解决数据稀疏问题，但这却影响模型对数据样本中人物性格特征的学习能力，造成模型预测性能下降。

参 考 文 献

[1] 艾瑞咨询. 2020 年中国智能物联网（AIoT）白皮书[EB/OL].（2022-06-30）[2024-05-01]. https://report.iresearch. cn/ report_pdf.aspx?id=3529.

[2] Guo T, Yu K P, Aloqaily M, et al. Constructing a prior-dependent graph for data clustering and dimension reduction in the edge of AIoT[J]. Future Generation Computer Systems, 2022, 128: 381-394.

[3] Al-Fuqaha A, Guizani M, Mohammadi M, et al. Internet of things: A survey on enabling technologies, protocols, and applications[J]. IEEE Communications Surveys & Tutorials, 2015, 17（4）: 2347-2376.

[4] Liu Y C, Lu H, Li X, et al. A novel approach for service function chain dynamic orchestration in edge clouds[J]. IEEE Communications Letters, 2020, 24（10）: 2231-2235.

[5] Zhu S, Ota K, Dong M X. Energy-efficient artificial intelligence of things with intelligent edge[J]. IEEE Internet of Things Journal, 2018, 9（10）: 7525-7532.

[6] Guerrero-Ibanez J A, Zeadally S, Contreras-Castillo J. Integration challenges of intelligent transportation systems with connected vehicle, cloud computing, and internet of things technologies[J]. IEEE Wireless Communications, 2015, 22（6）: 122-128.

[7] Lu C H, Lin X Z. Toward direct edge-to-edge transfer learning for IoT-enabled edge cameras[J]. IEEE Internet of Things Journal, 2021, 8（6）: 4931-4943.

[8] Agarwal K, Agarwal A, Misra G. Review and performance analysis on wireless smart home and home automation using IoT[C]//2019 Third International Conference on I-SMAC（IoT in Social, Mobile, Analytics and Cloud）（I-SMAC）. IEEE, 2019: 629-633.

[9] Kaushik N, Bagga T. Smart cities using IoT[C]//2021 9th International Conference on Reliability, Infocom Technologies and Optimization（Trends and Future Directions）（ICRITO）, Noida, 2021: 1-6.

[10] Singla M. Smart lightning and security system[C]//2019 4th International Conference on Internet of Things: Smart Innovation and Usages（IoT-SIU）, Ghaziabad, 2019: 1-6.

[11] Kavitha B C, Vallikannu R. IoT based intelligent industry monitoring system[C]//2019 6th International Conference on Signal Processing and Integrated Networks（SPIN）, Noida, 2019: 63-65.

[12] 中国网络空间研究院信息化研究所. 数字化驱动经济社会高质量发展: 数字中国建设发展成就与变革[J]. 中国网信, 2022（10）: 46-49.

[13] 郭斌, 刘思聪, 刘琰, 等. 智能物联网: 概念、体系架构与关键技术[J]. 计算机学报, 2023,46（11）: 2259-2278.

[14] 李学龙. 多模态认知计算[J]. 中国科学:信息科学, 2023, 53（1）: 1-32.

第 2 章　群组协作的多模态感知服务技术

　　合理的任务分配机制可提高多模态数据的感知任务完成率并减少任务成本开销。时空覆盖类多模态感知任务对参与者的时间与空间约束使传统单参与者模式难以适用。为此，本章提出群组协作的多模态移动感知任务分配方法，引入群智感知思想，基于社会网络理论构建协作群组，以群组模式替代传统单参与者模式；设计偏好感知的社交群组生成方法，通过估计社交关系生成感知群组来保证任务的完成；提出效用优化的任务群组匹配方法，采用网络流理论进行群组-任务二次匹配，保证平台效用最大化。

2.1　多模态感知服务研究现状及主要挑战

2.1.1　多模态感知服务研究现状

　　在智慧城市等 AIoT 典型应用中，感知数据天然以"多模态"的形式存在，其体现在各种 AIoT 终端对环境的感知所带来的多种形式的数据信息。自动驾驶、智慧医疗和智慧办公等场景的应用离不开对多模态数据的感知。传统的多模态数据采集方式往往基于固定部署的无线传感器网络。然而，无线传感器网络覆盖范围存在的局限性以及成本问题，使其大规模应用受限。

　　近年来，智能手机和平板电脑等以消费者为中心的互联网边缘设备得到了长足发展与广泛普及。这类边缘设备通过内置加速度计、陀螺仪、全球定位系统（global positioning system，GPS）、麦克风和摄像头等传感器装置来获取丰富的周围环境数据，进而推动了移动多模态感知技术的发展。作为传统物联网场景的延伸，移动多模态感知是结合众包思想和移动设备感知能力的一种新的数据获取模式，普通用户通过其移动设备感知数据后，上传至云中心对感知多模态数据聚合后进行数据提取，再进行以人为中心的服务交付。

　　移动多模态感知通过利用群体智慧来拥有比传统无线传感器网络以更低成本获取数据的优势，并且在移动多模态感知中，用户的积极参与可有效扩大已部署传感网络的空间覆盖范围，进一步降低成本并扩大多模态感知范围。由此，移动多模态感知可显著改善人们的生活质量，例如，通过智能网联汽车自身的多模态感知设备可以提供智能交通管理或免费停车位检测等服务，为 AIoT 的应用提供了有力的多模态感知数据支撑。

1. 多模态感知任务分配

任务分配或参与者选择是移动多模态感知面临的主要挑战，对多模态感知任务的完成有重大影响。目前，该领域已有诸多研究成果。文献[1]针对具有不同时空覆盖要求的任务，通过建立基于兴趣点(point of interest，PoI)的移动预测模型获得参与者完成任务的概率，设计离线贪心算法，在任务参与者数量约束下选择一组最优的参与者完成多模态感知任务，并进一步改进贪心算法，解决用户实时接入—平台立即选择的参与者选择问题。文献[2]提出了两阶段混合多模态感知的任务分配框架，在离线阶段选择一组机会式感知参与者，在日常工作中完成移动多模态感知任务。在在线阶段中指派另一组参与式参与者，朝向目标点移动以执行尚未完成的任务。文献[3]提出了个性化的面向任务的参与者招募机制，为了提高招募的准确性，将内容和上下文特征结合起来，对参与者的偏好进行建模。为了计算多模态感知参与者对任务的偏好得分，将任务-多模态感知参与者适应度预测作为一个分类问题，然后，周期性地招募与任务匹配概率最高的参与者。文献[4]考虑平台-参与者的混合时空特征，包括任务的位置和时间窗口，以及多模态感知参与者的轨迹和到达时间，根据多模态感知参与者的任务历史记录以及轨迹信息，预测参与者的轨迹进行任务分配，以参与式多模态感知将离线与在线的任务分配结合起来以最大化平台收益。上述研究工作主要是针对单个多模态感知参与者的任务分配，且在任务分配的过程中依赖于多模态感知参与者的任务历史，无法适用于任务历史信息缺乏的新参与者的任务分配。

2. 群组多模态感知任务分配

对于多模态感知群组的任务分配，文献[5]通过引入感知平台中参与者之间的社交关系，为多模态感知任务构建兼容的参与者群组，以最小的社会成本使每一个合作任务都可以由一组兼容的参与者完成。但是，文献[5]中的任务分配主要着眼于组内成员协作，对于组间的参与者协作考虑不足。因此，当所有候选群组无法提供足够的参与者时，任务将无法完成。文献[6]提出了一种多领导者和多追随者的斯塔克尔伯格(Stackelberg)博弈方法来模拟服务提供商和用户之间的战略互动。然而，其仅依据多模态感知参与者的招募成本，对参与者节点的偏好考虑不足。文献[7]提出了基于历史的上下文感知张量分解的方法，来模拟工人对不同任务类别的时间偏好，通过考虑参与者可容忍的等待时间和组成员的共识以及任务的奖励，提出了有效的群组任务分配方案。然而，其主要立足于单个多模态感知任务，对多任务分配考虑不足。文献[8]中任务分配的目标是自然存在的参与者团队，而非单个参与者或任务导向的临时团队。采用效用值来衡量群体完成任务的能力，决定该组被分配任务的优先级；随后，设计团队和实际参与者的任务分配算法，其未考虑多个多模态感知任务并发场景下的任务分配问题。文献[9]针对需要多个参与者进行协作的多模态感知任务，提出了基于信誉和可靠性期望最大化的任务分配方法，应用最大似然最大期望值方法，评估节点声誉和可靠性，形成协作和非协作参与者群组，在选择具有最大声誉和可靠性的主要参与者节点的同时最小化参与者招募成本，但其依赖于对参与者任务历史信息的评估，不适用于任务历史信息缺乏的新参与者。

2.1.2　多模态感知服务主要挑战

一般而言，城市多模态感知任务具有范围广、规模大、任务重等特点。目前的城市多模态感知系统主要依赖于预安装的专业传感设施(如摄像头、空气质量检测装置、噪声检测站等)，具有覆盖范围受限、投资及维护成本高等问题，使用范围、对象和应用效果受到了很多限制。移动多模态感知作为一种全新的感知模式，为推动社会与城市管理带来了前所未有的机遇，即利用大量普通用户使用的移动设备作为基本感知单元，通过物联网/移动互联网进行协作，实现感知任务分发与多模态数据收集利用，最终完成大规模、复杂的城市多模态数据采集任务，进而对大量的多模态信息进行挖掘和理解，从中获取社会情境、交互模式以及大规模人类活动和城市动态规律，并把学习到的智能信息运用到各种创新性服务中。与传统网络相异的多模态感知方式也为其带来了很多新的研究问题。由于数据产生过程中人类的参与，多模态感知服务收集的数据相比传统感知网络数据具有许多新特点。由于多模态感知参与者存在着在线时间、任务回报以及位置等因素的限制，如何针对不同的多模态感知任务分配合适的任务参与者成为多模态感知的关键问题，它主要解决在特定的任务要求约束下以多模态感知任务为导向的参与者选择问题，任务分配的结果将直接关乎多模态感知任务的成败。这主要存在以下两方面的挑战。

1. 多参与者协作

传统的任务分配主要针对单个参与者，在这些研究中单个任务由单个参与者完成。然而，在某些时空覆盖的任务场景中(如环境监控、交通监控)，需要获得来自多个区域、长时间尺度的多模态感知数据。单个参与者往往无法在整个时间段内覆盖整个任务区域。在解决这类协作任务时，需要多个参与者合作完成。

2. "冷启动"下的任务分配

当前大多数的移动多模态感知任务分配的研究都假设感知平台拥有充足的多模态感知参与者历史信息。对于新成立的感知平台，感知平台中存在新老参与者交替的情况，对于老参与者，可以通过分析参与者的历史数据进行任务分配；对于新参与者，由于感知平台没有参与者的历史信息，将会存在任务无法有效分发的"冷启动"问题。

2.2 移动多模态感知服务系统设计

2.2.1 移动多模态感知系统模型

本章考虑时空覆盖类多模态感知任务时间跨度大、空间范围广等特点造成的单参与者模式不适用问题，首先设计如图 2.1 所示的架构，并基于社会网络理论，综合考虑时空覆盖任务特征智能生成任务群组来执行多模态感知任务，以群组模式替代单参与者模式，提升多模态感知任务完成率。

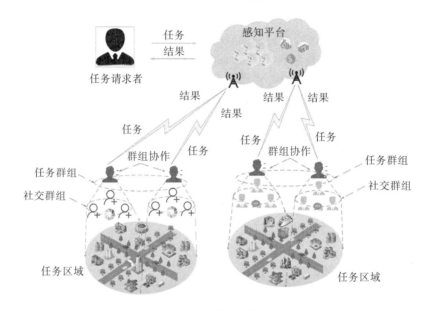

图 2.1　系统架构图

多模态感知任务分配主要由任务发布、属性分析、群组生成、群组任务分配和群组任务执行五个阶段组成。首先，任务请求者发布多模态感知任务到感知平台，感知平台结合任务的预算与人数需求和参与者进行匹配，采用偏好感知的社交群组方法生成特定的社交群组。其次，在感知平台中以效用优化的方式进行社交群组-任务匹配以生成特定的任务群组。最后，将任务下发到相应的任务群组，任务群组完成感知任务后将感知数据进行上传，由感知平台下发任务奖励。

具体的流程如图 2.2 所示。在任务请求者上传多模态感知任务之后，平台会对已注册的新老参与者进行属性分析，假定多模态感知参与者在注册时会上传自己的社交关系，因此感知平台中会出现新老参与者相互交替的情况。由于老参与者的属性维度比较齐全，可直接进行参与者的任务属性分析，而新参与者属性维度较欠缺，但是新老参与者之间普遍存在着社交关系，可以借助社交关系进行参与者的任务接受率分析，以解决参与者任务历史信息不足的情况。

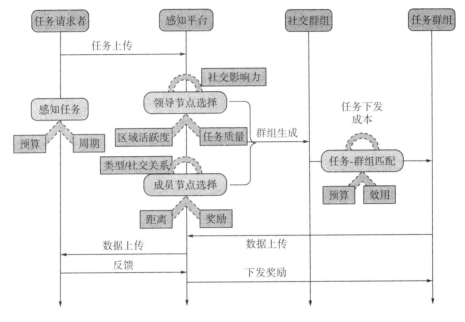

图 2.2　系统流程图

2.2.2　移动多模态感知问题建模

在移动多模态感知系统中主要有三个部分：任务、平台和参与者，下面将分别予以建模。

定义 2.1：任务。 主要指任务请求者上传的多模态感知任务 $T = \{t_1, t_2, \cdots, t_m\}$，表示有 $m(m \geqslant 2)$ 个子任务，每个子任务 t_i 可以表示为 $<B_{t_i}, r_i, <t_{i_{start}}, t_{i_{end}}>>$，具有以下定义。

(1) 对于 $\forall t_i \in T$，子任务的预算为 B_{t_i}。

(2) 任务是时延容忍的，任务持续时间为 $<t_{i_{start}}, t_{i_{end}}>$。

(3) 对于 $\forall t_i \in T$，子任务的完成标准为至少招募到 $r_i(r_i \geqslant 2)$ 个参与者。

(4) 任务预算为参与者人数阈值与单位人数成本之积 $r_i \cdot k$。

定义 2.2：平台。 任务请求者将任务上传到平台，平台具有老参与者的任务完成历史数据，并且负责任务的分配和任务奖励的发布。

定义 2.3：参与者。 参与者 $W = \{w_1, w_2, \cdots, w_j, \cdots, w_n\} = \{w_{new}, w_{old}\}$ 负责完成多

模态感知任务，每个参与者 w_j 可以表示为 $<B_{w_j},<w_{j_{start}},w_{j_{end}}>>$ ，有以下特点。

（1）新老参与者在感知平台中交错，每名参与者一次只能完成一种任务。

（2）新参与者在进行注册时会上传自己的社交关系，且参与者会有特定的在线时间，即 $<w_{j_{start}},w_{j_{end}}>$ 。

（3）参与者会有特定的任务完成成本，对于 $\forall w_j \in W$ ，参与者的任务完成成本为 B_{w_j} 。

定义 2.4：平台效用。 对于多模态感知任务 $t_m \in T$ ，任务的完成成本为 B_w ，任务的预算为 B_t ，则平台效用表示为二者之差，平台的总效用可以表示为

$$\text{utility}_{\text{Platform}} = \sum_{i=1}^{m}(B_t - B_w)。$$

对于任务-群组匹配原理，定义多模态感知任务的总周期为 ψ ，将时间轴按等距离划分，在每个时隙中，由于需要同时对多个区域进行感知，会有多个子任务同时到来，例如，在第一个时隙存在着与位置有关的三个子任务 t_1、t_2 和 t_3，由于参与者节点具有时间限制，此时感知平台通过对任务-参与者进行属性分析之后生成的社交群组集合为 G_1、G_2 和 G_3，不同的任务有不同的人数需求，加上不同的社交群组具有不同的社交关系，会生成不同人数的群组，需要按照子任务的要求将任务集与群组集进行匹配，任务 t_1 需要 5 个参与者，因此需要社交群组 G_1 和 G_3 共同协作保证任务的完成，对于任务 t_2 则仅需要社交群组 G_2，在保证多模态感知任务完成的情况下最大化平台效用，剩余的多模态感知任务采取同样的策略，直到任务的总周期完成为止，见图2.3。

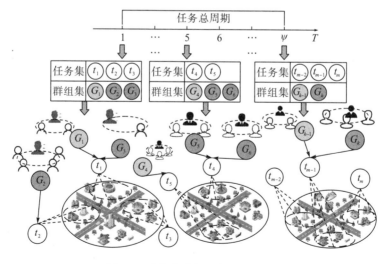

图 2.3   多模态感知任务-群组匹配

假设参与者完成的多模态感知任务类型为同构的。对于出现的多个感知子任务 $T = \{t_1, t_2, \cdots, t_m\}$，在对每个子任务以及参与者进行任务属性分析之后，平台中会出现多个社交群组对应一个子任务的情况，总的社交群组为 $G^* = \{G_1, G_2, \cdots, G_k\} (k \geqslant m)$，本章采用 x_{ji} 表示群组 j 是否参与任务 i，x_{ji} 的值为 1 时表示群组 j 会参与完成任务 i，反之，则表示群组 j 不会参与到任务 i 的完成中。因此，可以将任务-群组匹配(task-group matching, TGM)问题建模如下：

$$\max(\sum_{i=1}^{m} B_{t_i} - \sum_{j=1}^{k} B_{w_j})$$

$$\text{s.t.} \quad \sum_{G_k \in G^*} M_j x_{ji} \geqslant r_i, \quad \forall t_i \in T$$

$$\sum_{G_k \in G^*} C_j x_{ji} \leqslant B_i, \quad \forall t_i \in T \tag{2.1}$$

$$x_{ji} \in \{0, 1\}$$

本章的优化目标为最大化平台利益(平台效用)，如式(2.1)所示，平台的利益表现为任务完成的回报与完成任务的工人成本之差，第一个约束表示对于每个多模态感知任务 t_i，需要的参与者人数需要超过人数阈值 r_i，M_j 表示群组 j 的人数，第二个约束表示参与每个多模态感知任务 t_i 的人员成本不能超过任务预算 B_i，C_j 表示群组 j 参与任务 i 所需花费的成本。

2.3　偏好感知的社交群组生成方法

本节基于参与者间的社交关系提出偏好感知的社交群组生成方法。在任务发起者将任务上传到感知平台之后到任务正式发布之前，感知平台会充分分析任务与参与者的属性，再针对特定的多模态感知任务进行社交群组的生成。社交群组主要由领导节点与成员节点组成。感知平台会选择感知群组的领导节点，在选出领导节点之后，再进行群组成员节点的选取。群组的领导节点主要在老参与者中进行选择，原因在于老参与者的任务完成历史记录更加丰富。

2.3.1　领导节点选取

感知平台在选择参与者节点时(包括领导节点和群组成员节点)需满足任务周期在参与者的在线周期之内，即满足对于 $\forall t_i \in T$、$\forall w_j \in W$，有 $< t_{i_{start}}, t_{i_{end}} > \subseteq < w_{j_{start}}, w_{j_{end}} >$。在领导节点的选择过程中主要考虑以下三个因素：社交影响力、活跃度、感知能力水平。

定义 2.5：社交影响力。领导节点的社交影响力为

$$\text{Im}(w_j) = \frac{1}{M}\left|\bigcup_{w_j} F_j\right| \tag{2.2}$$

式中，$\left|\bigcup_{w_j} F_j\right|$ 为参与者 j 在社交网络社区上的好友数量；M 为感知区域的潜在参与者总数。本章选择社交影响力较高的参与者作为群组领导节点。

定义 2.6：活跃度。 参与者在任务区域的活跃度为

$$a(w_j, l) = \frac{f(w_j, t_i.\text{loc}) \times d(w_j, t_i.\text{loc})}{\sum\limits_{i=1}^{q} f(w_j, t_i.\text{loc}) \times \sum\limits_{i=1}^{q} d(w_j, t_i.\text{loc})} \tag{2.3}$$

式中，$f(w_j, t_i.\text{loc}) \times d(w_j, t_i.\text{loc})$ 为参与者 w_j 在特定任务空间位置上的累计访问频次与停留时长的乘积；$\sum\limits_{i=1}^{q} f(w_j, t_i.\text{loc}) \times \sum\limits_{i=1}^{q} d(w_j, t_i.\text{loc})$ 为参与者在过去的一段时间内访问的全部区域的累计访问频次与停留时长的乘积。移动行为特征反映了参与者空间行为分布特征。本章选择参与者的空间出现频次与停留时间长度作为移动行为特征的刻画因素。

定义 2.7：感知能力水平。 其定义为参与者完成多模态感知任务的能力。对于新参与者，考虑到在执行任务的过程中，参与者自身完成任务的能力会不断得到提升，因此设计一种参与者技能的更新机制是十分有必要的。具体计算公式如式 (2.4) 所示：

$$s'_{w_j} = \begin{cases} \dfrac{1}{\pi}\arctan(\gamma \cdot (s_{w_j} + q_i)) + \dfrac{1}{2}, & s_{w_j} < \lambda \\[3mm] \dfrac{1}{\pi}\arctan\left(\gamma \cdot \left(\dfrac{l_{w_j}^c}{\sum\limits_{k \in S} l_{w_j}^k} + \lambda\right)\right) + \dfrac{1}{2}, & s_{w_j} \geq \lambda \end{cases} \tag{2.4}$$

式中，s_{w_j} 为任务执行前参与者的任务完成能力；$\gamma \geq 1$ 为更新系数；当其能力值达到阈值 λ 时，表示该技能已被用户完全掌握，并不再对其进行更新[10]。使用 $\text{dis}(x_i, x_j)$ 表示数据 x_i 与数据 x_j 的差异，簇心数据即为任务真值 x_r，在任务真值为 x_r 的条件下，参与者 w_j 的数据质量为 $q_i = 1/(\text{dis}(x_i, x_j) + 1)$ [11]。当参与者的能力达到阈值 λ 时就不再对其进行更新，平台会将参与者判定为老参与者，对于老参与者，由于其自身的能力水平比较固定，主要为参与者完成特定的任务占所有完成任务的比例。$l_{w_j}^c$ 表示参与者对某一种任务的完成次数，$\sum\limits_{k \in S} l_{w_j}^k$ 表示参与者完成历史任务的总集合。

完成上述属性值计算之后，利用等级效用函数 $R(w_j)$ 对参与者排名进行评估，如式 (2.5) 所示：

$$R(w_j) = \text{InfluenceRank}(w_j, W) \cdot \text{ActiveDegreeRank}(w_j, W)$$
$$\cdot \text{PreferenceRank}(w_j, W) \tag{2.5}$$

式中，InfluenceRank(·)、ActiveDegreeRank(·)、PreferenceRank(·) 三种函数分别表示候选参与者的影响力排名、活跃度排名以及对任务的偏好排名，分数越高的参与者排名越靠前。对上述三种因素采用乘法融合的方法选出领导节点，再根据领导节点的社交以及地理位置进行群组生成。具体的生成算法如算法 2.1 所示。

算法 2.1：群组领导节点选择算法

输入：候选参与者集合 $\{w_{candi}\} = \{w_{old}\} \bigcup \{w_{new}\}$、候选参与者的好友集合 $\left| \bigcup_{w_j} F_j \right|$、候选参与者在特定任务空间位置上的累计访问频次 $f(w_j, t_i.\text{loc})$、候选参与者的停留时长 $d(w_j, t_i.\text{loc})$、任意候选老参与者对特定多模态感知任务完成情况 $l_{w_j}^k$、任意候选老参与者的历史任务完成情况 $\sum_{k \in S} l_{w_j}^k$、领导节点的数量 K、多模态感知任务集合 T、新参与者能力表 δ

输出：领导节点集合

1:　$\delta \to \varnothing$

2:　**for** each $w_i \in \{w_{candi}\}$ **do**

3:　　**for** each $t_i \in T$ **do**

4:　　　通过式 (2.2) 计算候选参与者的社交影响力

5:　　　通过式 (2.3) 计算候选参与者的任务区域的活跃度

6:　　　通过式 (2.4) 计算候选新老参与者的能力

7:　　　通过式 (2.5) 得到具体的参与者排名列表

8:　　　$\{L\} \to \{L\} \bigcup \{w_{top-k}\}$

9:　　　$\{w_{candi}\} / \{w_{top-k}\}$

10:　　**end for**

11:　**end for**

该算法会对候选参与者进行社交影响力、活跃度以及任务能力三个方面的分析，候选参与者主要为在任务周期之内的参与者，由于在社交影响力和活跃度方面的参与者属性比较固定，因此，对它们进行统一计算(第 2~5 行)。考虑到随着任务的不断进行，新参与者的能力会得到更新，会有新参与者成为领导节点的情况，因此需要针对不同的任务分别分析新老参与者的能力情况(第 6 行)。最后，结合具体的公式计算出相应的综合评分，筛选出最优的节点作为群组领导节点集合(第 7~9 行)。

2.3.2　社交群组生成

感知平台在选出领导节点之后，以领导节点为源节点，通过领导节点的社交关系进行进一步的群组成员的选取，主要通过将领导节点建模为根节点，在其社交好友中进行进一步的多模态感知参与者搜索。领导节点的好友中既有新参与者也有老参与者，分别建模新老参与者的偏好来进行社交群组成员的选取，进一步，根据任务预算约束来招募群组感知参与者。

定义 2.8：老参与者任务接受率。 对于老参与者而言，特定任务的任务接受率可以表示为

$$\text{accept}_{w_j} = P_1 \cdot I(\text{pre\_task}_{w_j}, I_{1\max})$$
$$\cdot I(\text{pre\_distance}_{w_j}, I_{2\max}) \qquad (2.6)$$
$$\cdot I(\text{pre\_reward}_{w_j}, I_{3\max})$$

式中，$I(\text{pre\_task}_{w_j}, I_{1\max})$ 表示参与者对任务类型的偏好；$I(\text{pre\_distance}_{w_j}, I_{2\max})$ 表示参与者对任务距离的偏好；$I(\text{pre\_reward}_{w_j}, I_{3\max})$ 表示多模态感知任务的奖励激励，本章采用 $I(x, I_{\max}) = (I_{\max} - 1)\sqrt{1 - (1-x)^2} + 1$ 的方式来聚合任务类型以及距离偏好对参与者任务接受率的影响[12]；P_1 为一个超参数；$I_{\max}$ 表示预定义的概率递增上限。任务类型偏好与任务距离偏好定义如式 (2.7)、式 (2.8) 所示：

$$\text{pre\_task}_{w_j} = \text{Jaccard}(\text{task.content}, \text{task.history}) \qquad (2.7)$$

$$\text{pre\_distance}_{w_j} = \alpha \exp(-\beta \text{dis}(w_j, \text{loc}_i)) \qquad (2.8)$$

式中，任务类型偏好 pre_task_{w_j} 主要反映当前任务 task.content 与参与者历史任务 task.history 之间的相似度，通过 Jaccard 相似度进行计算，如果当前任务更加贴合参与者的任务偏好，则相应的任务接受率会更高；任务距离偏好 $\text{pre\_distance}_{w_j}$ 则主要考虑任务距离对参与者的任务接受率的影响，$\text{dis}(w_j, \text{loc}_i)$ 表示当前任务与参与者之间的距离，loc_i 表示参与者的历史签到经纬度的均值，α 为一个距离超参数，β 为距离 $\text{dis}(w_j, \text{loc}_i)$ 对任务距离偏好的影响因子。由于参与者往往倾向于就近进行任务感知，量化任务与参与者活跃位置之间的距离可以更好地反映老参与者的任务接受率[13]，如式 (2.9) 所示：

$$\text{pre\_reward}_{w_j} = \begin{cases} f(\text{task.reward} - \theta), & \text{task.reward} \geqslant \theta \\ 0, & \text{task.reward} < \theta \end{cases} \qquad (2.9)$$

式中，$f(\cdot)$ 为 Sigmoid 函数，参与者在完成任务的过程中会有一个特定的初始任务成本 θ，只有当任务回报大于任务成本时，参与者才会参与到多模态感知任务中[14]。

定义 2.9：新参与者任务接受率。 新参与者接受任务的概率可表示为

$$\text{accept}_{w_j} = P_2 \cdot I(\text{pre\_social}_{i,j}, I_{4\max})$$
$$\cdot I(\text{pre\_distance}_{w_j}, I_{5\max}) \qquad (2.10)$$
$$\cdot I(\text{pre\_distance}_{w_j}, I_{6\max})$$

式中，$I(\text{pre\_social}_{i,j}, I_{4\max})$、$I(\text{pre\_distance}_{w_j}, I_{5\max})$、$I(\text{pre\_distance}_{w_j}, I_{6\max})$ 分别为参与者的社交关系、参与者对任务距离的偏好、参与者的任务奖励激励；P_2

为超参数；$I_{4\max} \sim I_{6\max}$ 为预定义的概率递增上限。对于新参与者而言，平台没有参与者的任务完成历史记录。但是，参与者的多模态感知行为在一定程度上受到其社交关系的影响，进而促使参与者参与特定的多模态感知任务[13]。因此，考虑参与者的社交关系对参与者多模态感知行为的影响有利于提高多模态感知任务的接受率。同时，完成多模态感知任务的回报也会影响参与者是否参与任务。由于参与者在完成多模态感知任务的过程中，会付出一定量的劳动成本，如果完成任务所得的回报越高，那么参与者参与多模态感知任务的概率也会相应越高。相应的社交关系和奖励激励定义如式 (2.11) 所示：

$$\text{pre\_social}_{i,j} = \frac{N(w_i) \bigcap N(w_j)}{N(w_i) \bigcup N(w_j)} \tag{2.11}$$

式中，通过 Jaccard 相似度来衡量两个参与者之间社交关系的强弱，本章通过分析好友的任务接受率来进一步推断特定参与者的任务接受率，$N(w_i)$ 表示参与者 w_i 的在线社交好友集合，如果参与者之间共享更多的相邻节点，则社交关系会更强。同时，在进行新参与者招募时也应考虑任务奖励带来的影响。

　　在领导节点的社交圈中进行广度优先遍历，直到招募到足够数量的成员参与者为止。以算法 2.1 选出的领导节点为源节点，在其好友中进行广度优先遍历。由于领导节点的好友关系中会出现新老参与者共存的现象，因此，需要分别计算每个好友参与者接受多模态感知任务的概率，直到招募到足够的成员参与者。具体算法流程实例如图 2.4 所示。

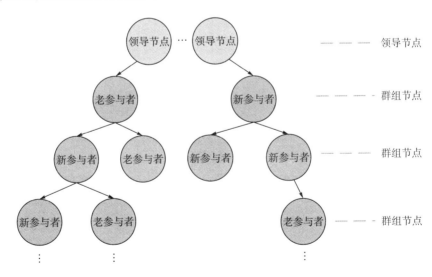

图 2.4　算法流程实例

　　群组成员生成算法会根据算法 2.1 得到的领导节点进一步进行感知群组成员匹配，如算法 2.2 所示。在算法开始之初，同样会输入满足任务时间要求的候选参与者节点集合，再以领导节点为根节点，以领导节点的社交好友为叶节点。当探索的步数小于任务要求时（第 3 行），算法会以一种广度优先的搜索原则进行搜索。在面对领导节点的好友关系中有新老多模态感知参与者共存现象时，会分别计算其接受任务的概率（第 4～7 行），在一定的条件下会将其招募进来（第 8～13 行）。在每次招募成员的过程中会动态更新参与者成员的技能（第 14、15 行）。同时该技能表也可用于领导节点的选择。

算法 2.2：群组成员生成算法

输入：领导节点集合 $\{L\}$（算法 2.1）、领导节点的好友节点 $\bigcup_{w_i} F_i$、候选新参与者集合 $\{w_{new}\}$、候选老参与者集合 $\{w_{old}\}$、探索步数 Ω、多模态感知任务集合 T、新参与者能力表 δ

输出：群组成员集合 $\{G^*\}$

1:　$\{G^*\} \to \varnothing$
2:　step_size $\to \varnothing$
3:　**while** step_size $\leqslant \Omega$
4:　　**for** each child node **do**
5:　　　**for** each $t_i \in T$ **do**
6:　　　　通过式(2.6)计算老参与者接受率 $accept_{w_j}$
7:　　　　通过式(2.10)计算新参与者接受率 $accept_{w_j}$
8:　　　　**if** $accept_{w_j} > random_{w_j}$
9:　　　　　$\{G^*\} \to \{G^*\} \cup w_j$
10:　　　　　$\{w_{old}\} \to \{w_{old}\} \setminus w_j$
11:　　　　　**if** $accept_{w_j} > random_{w_j}$
12:　　　　　　$\{G^*\} \to \{G^*\} \cup w_j'$
13:　　　　　　$\{w_{new}\} \to \{w_{new}\} \setminus w_j'$
14:　　　　　　通过式(2.4)更新参与者能力
15:　　　　　　$\delta \to \delta'$
16:　　　　　**end if**
17:　　　　**end if**
18:　　　step_size $\to$ step_size$+1$
19:　　　**end for**
20:　　**end for**
21:　**end while**

2.4　效用优化的任务群组匹配方法

感知平台在划分好社交群组之后，将会进行多任务并发的任务分配。因此，本节设计效用优化的任务群组匹配方法。

2.4.1　任务群组生成建模

定理 2.1：TGM 问题是非确定性多项式(non-deterministic polynomial，NP)-hard 问题。

证明：本章将 0-1 背包问题转换为 TGM 问题的一个特殊实例。首先证明 TGM 问题等价于背包问题。假设利用 z_{ji} 表示群组 j 完成任务 i 得到的奖励，则奖励函数可以简化为 $z_{ji}x_{ji}$，群组的人数可看成背包的重量，群组二元决策变量 x_{ji} 看成物品是否放入背包 b_i，则 TGM 问题可以退化为 0-1 背包问题，即式(2.12)成立：

$$\max \sum_{i \in M} z_{ji}x_{ji}$$
$$\text{s.t.} \quad \sum_{G_k \in G^*} C_j x_{ji} \leqslant B_i, \quad \forall t_i \in T \qquad (2.12)$$
$$x_{ji} \in \{0,1\}$$

由于已知 0-1 背包问题是 NP-hard 问题，则 TGM 问题至少也具有与 0-1 背包问题相同的复杂性。因此，TGM 问题是 NP-hard 问题。

给定由 2.3 节生成的社交群组，用集合 $G^* = \{G_1, G_2, \cdots, G_k\}$ 表示，假设每个社交群组都需要完成一系列的多模态感知任务。第 k 个社交群组 G_k 可以完成的任务数量上限为 g_k。与此同时，任务请求者同时发布了多个同种类型的多模态感知任务 $T = \{t_1, t_2, \cdots, t_m\}$，任意一个多模态感知任务 t_m 最多会被 r_m 个参与者完成。在本章中，由于不同的社交群组有不同的任务参与者数量，在任务匹配的过程中，假设同一个群组可以参与多个多模态感知任务，但是每个群组里面的参与者每次只能参与一个多模态感知任务。本章使用 $\text{GT}_m = \{gt_{m1}, gt_{m2}, \cdots\}$ 来表示参与完成多模态感知任务 t_m 的社交群组集合。进一步利用 $\text{TG}_k = \{tg_{k1}, tg_{k2}, \cdots\}$ 来表示分配给社交群组 G_k 的任务集合，$C(\text{TG}_k)$ 是 G_k 完成任务的成本，那么 TGM 问题可以进一步表示为

$$\max \sum_{i=1}^{k} |\text{TG}_i|$$
$$\min \sum_{j=1}^{k} C(\text{TG}_j) \qquad (2.13)$$
$$\text{s.t.} \quad |\text{TG}_i| \leqslant g_k, \quad 1 \leqslant i \leqslant k$$
$$|gt_{mj}| \leqslant r_m, \quad 1 \leqslant j \leqslant m$$

解决 TGM 问题主要有两个挑战：一是每个社交群组可以同时完成多项任务；二是 TGM 问题有两个优化目标。对于挑战一，社交群组与任务的匹配属于多任务分配问题，存在着多个群组与多个任务进行匹配的情况。对于挑战二，在

两个优化目标中，式(2.13)中的第一个优化目标主要体现为最大化任务的完成数，第二个优化目标为最小化任务的完成成本，两个优化目标是矛盾的，不可能同时得到满足两个优化目标要求的最优解。所提方法可以在完成的总任务数量和总任务成本之间进行权衡以达到目标。

2.4.2　任务群组生成求解

最小费用最大流(minimum cost maximum flow，MCMF)模型旨在找到一组成本最小、流量最大的最优路径。MCMF 模型的流网络是有向图，其中每条边都有容量、流量和成本。边的容量表示可以通过边的最大流量。

为了对 TGM 问题进行求解，利用 MCMF 模型将社交群组成员完成任务的花销表示为成本，完成任务的总数建模为流。由于流网络中不可能只有参与者节点和任务节点，以及需要在流网络中表示参与者和任务的不同需求，本章对MCMF 模型进行了改进，具体模型如图 2.5 所示。社交群组的编号为 $1\sim k$。源节点和社交群组节点之间每条边的容量表示为 g_k，其反映了每个社交群组最多可以同时执行 g_k 个任务，同时边的成本为 0，因为源节点和群组节点之间的边仅用于 MCMF 模型的输入，没有产生成本。此外，使用从群组节点和任务节点流入汇聚节点的流量反映任务的完成程度。对于汇聚节点而言，总的最大流量为 $\sum_{l=1}^{m} r_l$，其中任务节点与汇聚节点之间的每条边的容量为 r_m，因为一个任务最多可以由 r_m 个参与者同时执行；边的成本为 0。本节首先枚举所有可能的任务集合，将多模态感知任务标号为 $1\sim m$。任何一个任务都可以由来自多个群组的多个参与者执行。此外，群组节点和任务节点之间的边的成本是仜务的完成成本。

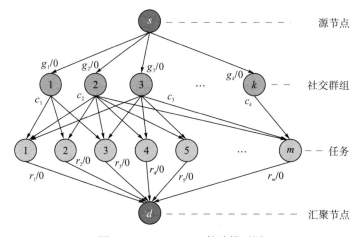

图 2.5　TGM-MCMF 算法模型图

如算法 2.3 所示，任务群组生成算法 (task-group matching minimum cost maximum flow，TGM-MCMF) 包括两部分：一是构建 MCMF 模型的流网络 (第 1～3 行)；二是在流网络中寻找最优解 (第 4～8 行)。首先，导入由算法 2.2 生成的社交群组集合 $\{G^*\}$ 以及任务集合 T。其次，计算群组成员的任务参与成本 c_k，成本主要指群组成员完成任务的成本，主要为群组参与者的任务初始成本 θ_k 以及通信成本。通信成本主要为群组成员 k 与群组领导节点 i 之间的社交关系跳数与单位跳数成本之积，以及两个群组领导节点之间的通信成本 ϑ，因此可得 $c_k = \mathrm{dis}_{ki} \cdot \mathrm{unit}_{ki} + \theta_k + \vartheta$。再次，将流 f 初始化为 0，在残差网络 G_f 中贪婪地选择增广路径 r^*。沿 r^* 用 $c_f(r^*)$ 增广流 f，直到残差网络 G_f 中没有增广路径为止。最后，输出任务群组集合 $\{\mathcal{M}^*\}$ 以及完成的任务集合 T^*。

算法 2.3：任务群组生成算法 TGM-MCMF

输入：社交群组集合 $\{G^*\}$、任务集合 T

输出：任务群组集合 $\{\mathcal{M}^*\}$、完成的任务集合 T^*

1: 计算群组成员完成任务的成本 c_k

2: 构建流网络 $G = (V, E, C, W)$

3: 将流 f 初始化为 0

4: **while** 残差网络 G_f 中存在增广路径 **do**

5: 　以最小成本选择增广路径 r^*

6: 　$c_f(r^*) = c_k$

7: 　用 $c_f(r^*)$ 增广沿 r^* 的流 f

8: 　**return** f

9: **end while**

感知平台在选出任务群组之后，会将相应的多模态感知任务分发给每个社交群组的领导节点，由领导节点进行多模态感知任务的进一步分发。领导节点将任务发布给群组成员，群组成员节点会到相应的任务区域完成多模态感知任务。在任务完成后将任务结果反馈给领导节点，由领导节点将多模态感知数据上传到感知平台。在感知平台将数据反馈给任务请求者之后，平台会将任务奖励下发给相应的群组成员节点。

2.5　多模态感知算法性能验证

2.5.1　仿真环境设置

本章主要在配备 Intel Core i9-10900K 以及 Python 3.8 语言的计算机上进行仿真实验。所用数据集为一个同时包含好友关系以及位置签到的 Gowalla 数据集[15]。

好友关系数据集涵盖了 196591 个用户的 950327 条好友关系，每一条记录表示两两对应的好友关系。在签到数据集中，每条签到记录包括用户 ID、签到时间、签到地点的经纬度以及签到地点的位置 ID，主要的仿真参数如表 2.1 所示。

表 2.1　仿真参数

参数	值
任务接受率参数(α, β)	4, 0.5
老参与者的技能阈值(λ)	0.5
偏好超参数(P_1, P_2)	0.5
相关因素概率递增上限($I_{1\max} \sim I_{6\max}$)	1.5
领导节点之间的通信成本(ϑ)	1
单位跳数的通信成本($unit_{ki}$)	0.5
任务的总周期(ψ)/s	[300, 800]
参与者在线时间窗口/s	[1, 10]

本节主要采用三个算法与 TGM-MCMF 进行对比实验，即群组导向的协同群智感知 (group-oriented cooperative crowdsensing，GoCC)[6]、协同群智感知 (cooperative crowdsourcing，C2)[16]和本章所提算法任务-群组匹配最小费用最大流工作协议 (task-group matching minimum cost maximum flow work protocol，TGM-MCMF)。其中 GoCC 是以参与者的任务成本为导向的参与者选择算法，在算法中考虑参与者的任务成本以及社交偏好，忽略参与者的感知技能。C2 则不考虑参与者的社交偏好，只考虑参与者的任务成本进行参与者选择。TGM-MCMF-wp 为不考虑参与者技能更新的情况。仿真指标主要有两个，即平台效用与任务完成率。

1. 平台效用

平台效用为已完成所有多模态感知任务的预算与成本的差值，本章的目标在于最大化感知平台的效用，如式(2.14)所示：

$$\text{utility}_{\text{Platform}} = \sum_{i=1}^{m} B_i - \sum_{j=1}^{k} B_j \tag{2.14}$$

2. 任务完成率

任务完成率为已完成任务数量与总任务数量的比值，如式(2.15)所示：

$$complete\_rate_{task} = \frac{task_{complete}}{task_{total}} \tag{2.15}$$

2.5.2　仿真结果分析

图 2.6 显示了任务数量以及任务人数阈值 r_i 对平台效用的影响。从图 2.6(a) 可以看到，随着多模态感知任务数量的增加，TGM-MCMF、TGM-MCMF-wp、GoCC 以及 C2 四个算法的平台效用都呈上升趋势。由于考虑了参与者技能的更新，随着多模态感知任务不断推进，相较于 TGM-MCMF-wp 算法，在 TGM-MCMF 算法中将会有更多的新参与者成为老参与者以及领导节点，平台效用也会不断得到提升。因此，TGM-MCMF 算法的平台效用相较于 TGM-MCMF-wp 算法平均提升了 17.4%，相较于 GoCC 算法平均提升了 22.1%，相较于 C2 算法平均提升了 41.7%。图 2.6(b) 为任务人数阈值带来的影响，将任务数量固定为 1000 个，由于任务的完成标准为招募到超过任务人数阈值的参与者，所以当任务人数阈值上升时，TGM-MCMF、TGM-MCMF-wp、GoCC 以及 C2 四个算法的平台效用都呈下降趋势。由于 TGM-MCMF 算法综合考虑了其他算法的因素，因此平台效用下降最为缓慢。TGM-MCMF 算法的平台效用相较于 TGM-MCMF-wp 算法平均提升了 51.7%，相较于 GoCC 算法平均提升了 30.3%。

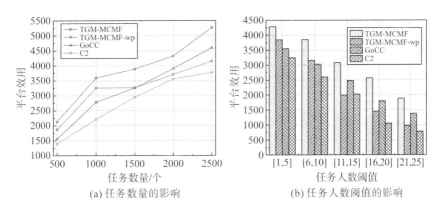

(a) 任务数量的影响　　　　　　　(b) 任务人数阈值的影响

图 2.6　任务数量与任务人数阈值对平台效用的影响

图 2.7 显示了参与者初始成本 θ 以及任务单位人数预算 k 对平台效用的影响。从图 2.7(a) 中可以看到，随着参与者初始成本增加，四个算法的平台效用都呈下降趋势。将任务数量固定为 1000 个，任务所需人数固定在[1,5]。随着参与者初始成本增加，达到任务的人数阈值也将愈发困难，由于 TGM-MCMF 算法综合考虑了算法的相关因素，因此，在平台效用方面相较于 TGM-MCMF-wp 算法平均提升了 19.9%，相较于 GoCC 算法平均提升了 16.9%，相较于 C2 算法平均

提升了 45.1%。在图 2.7(b)中，随着任务单位人数预算 k 增加，平台具有更加充裕的预算，可以吸纳更多的任务参与者。因此，四个算法的平台效用依次增加，TGM-MCMF 算法的平台效用相较于 TGM-MCMF-wp 算法平均提升了 15.5%，相较于 GoCC 算法平均提升了 18.4%，相较于 C2 算法平均提升了 52.8%。

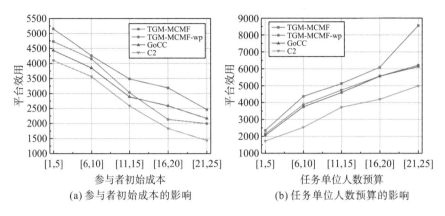

(a) 参与者初始成本的影响　　　　　(b) 任务单位人数预算的影响

图 2.7　参与者初始成本与任务单位人数预算对平台效用的影响

图 2.8 显示了任务数量以及任务人数阈值 r_i 对任务完成率的影响。从图 2.8(a)中可以看到，随着任务数量的增加，四个算法的任务完成率都比较稳定。由于 TGM-MCMF 算法综合考虑了其他算法的因素，具有最高的任务完成率。本章算法的任务完成率相较于 TGM-MCMF-wp 算法平均提升了 8.2%，相较于 GoCC 算法平均提升了 8.1%，相较于 C2 算法平均提升了 18.4%。在图 2.8(b)中，同样将任务数量固定为 1000 个。随着任务人数阈值 r_i 的增加，四个算法的平台效用都呈下降趋势。由于 TGM-MCMF 算法综合考虑了其他算法的因素，因此任务完成率下降最为缓慢，本章算法的任务完成率相较于 TGM-MCMF-wp 算法平均提升了 8.0%，相较于 GoCC 算法平均提升了 7.6%，相较于 C2 算法平均提升了 12.8%。

图 2.9 显示了参与者初始成本 θ 以及任务单位人数预算 k 对任务完成率的影响。从图 2.9(a)中可以看到，随着参与者初始成本的增加，四个算法的任务完成率都呈下降趋势。本章将任务数量固定为 1000 个，将任务所需人数固定为 [1,5]。随着参与者初始成本的增加，任务的人数需求也将愈发难以满足，由于 TGM-MCMF 算法综合考虑了算法的相关因素，因此 TGM-MCMF 算法的任务完成率相较于 TGM-MCMF-wp 算法平均提升了 4.8%，相较于 GoCC 算法平均提升了 4.9%，相较于 C2 算法平均提升了 9.1%。在图 2.9(b)中，随着任务单位人数预算 k 的增加，平台具有更加充裕的预算，可以吸纳更多的任务参与者。因此，四个算法的任务完成率依次增加。TGM-MCMF 算法的任务完成率相较于 TGM-

MCMF-wp 算法平均提升了 5.4%，相较于 GoCC 算法平均提升了 6.8%，相较于 C2 算法平均提升了 16.7%。

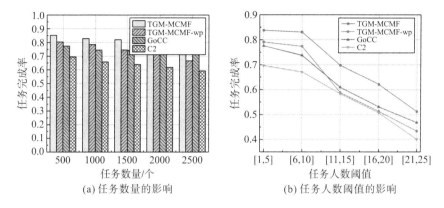

(a) 任务数量的影响   (b) 任务人数阈值的影响

图 2.8 任务数量与任务人数阈值对任务完成率的影响

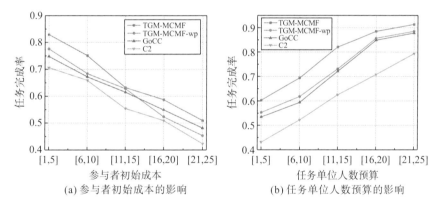

(a) 参与者初始成本的影响   (b) 任务单位人数预算的影响

图 2.9 参与者初始成本与任务单位人数预算对任务完成率的影响

本章基于任务参与者的社交影响力、活跃度以及感知能力水平三个指标，采用乘法融合的方法生成了候选领导节点列表，并利用 Top-k 搜索选取领导节点。原因在于采用 Top-k 搜索方法可以较好地选出合适的领导节点[17]。图 2.10 进一步对比了 Top-k 算法中不同的 k 值带来的平台效用与任务完成率的变化。随着 k 值的不断增加，在四种领导节点选择方法下，平台效用和任务完成率皆呈上升趋势，基于社交影响力进行领导节点选择能够使更多的好友参与任务分配，但它同时带来了更高的任务完成成本，基于活跃度和感知能力水平选出的领导节点受制于自身的好友数量，导致任务完成率较低。TGM-MCMF 算法因综合考虑了三种因素而取得了最好的实验结果。

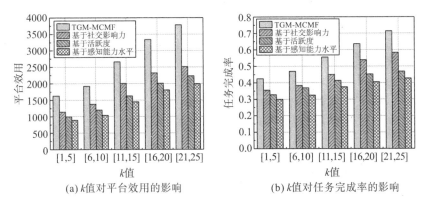

(a) k 值对平台效用的影响   (b) k 值对任务完成率的影响

图 2.10　Top-k 中不同 k 值的影响

图 2.11 为算法的运行时间对比，主要考虑了任务数量和任务阈值带来的影响。通过在签到数据集的密集区域中随机选取 500～2500 个任务区域进行任务分配，参与任务的人数阈值，即任务阈值在 1～25 中随机生成。从图 2.11(a) 中可以看到，随着任务数量的不断增加，四个算法的运行时间皆呈上升趋势。相较于 TGM-MCMF-wp 算法，TGM-MCMF 算法通过进行参与者的技能更新，以更低的成本生成了更多的社交群组。TGM-MCMF 算法相较于 GoCC 算法通过对参与者感知技能的评估，保证了更高的任务完成率。C2 算法仅以成本为导向，花费了最少的算法运行时间。同理，随着任务阈值的不断增加，四个算法的运行时间皆呈上升趋势，如图 2.11(b) 所示。由于 TGM-MCMF 算法对参与者的技能偏好、社交偏好以及参与者技能更新进行了综合评估，因此在社交群组的生成过程中将会花费更多的计算时间以满足感知任务的阈值需求，在更多计算开销的情况下，得到了最高的平台效用与任务完成率。

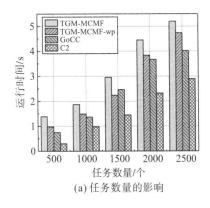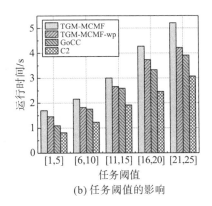

(a) 任务数量的影响   (b) 任务阈值的影响

图 2.11　算法的运行时间对比

在时间复杂度方面，对于参与者集合 W、群组任务集合 T，在群组领导节点的生成过程中，感知平台需逐一对参与者进行属性评估，相应的时间复杂度为 $O(|W|^2)$。在群组成员的生成过程中，需要搜索领导节点的社交好友，由于参与者群组的数量大于感知任务的数量，因此在 k 个领导节点的情况下，相应的时间复杂度为 $O(k \cdot |T| \cdot |W| \cdot \log|W|)$。在任务群组的生成过程中，由于图的节点数量为 $m+k$，算法的时间复杂度为 $O(k^2(m+k))$。

2.6　本 章 小 结

本章简要介绍了群组协作的移动多模态感知服务技术的研究现状，并针对移动多模态感知中的群组任务分配问题提出了有效的解决方案。在面对需要多个参与者的时空覆盖类多模态感知任务时，通过招募感知群组来完成多模态感知任务。针对当前的大多数任务分配研究在面对新参与者历史信息不足时出现的任务分配效率低下问题，通过对新老参与者的社交关系进行评估生成社交群组。在社交群组生成之后，利用网络流理论来进行社交群组-感知任务的二次匹配以最大化感知平台的效用和任务完成率。仿真结果表明，本章所提算法有效提升了任务完成率与平台效用。

参 考 文 献

[1] Yang Y J, Liu W B, Wang E, et al. A prediction-based user selection framework for heterogeneous mobile crowdsensing[J]. IEEE Transactions on Mobile Computing, 2019, 18(11): 2460-2473.

[2] Wang J T, Wang F, Wang Y S, et al. HyTasker: Hybrid task allocation in mobile crowd sensing[J]. IEEE Transactions on Mobile Computing, 2020, 19(3): 598-611.

[3] Wang Z B, Zhao J, Hu J H, et al. Towards personalized task-oriented worker recruitment in mobile crowdsensing[J]. IEEE Transactions on Mobile Computing, 2021, 20(5): 2080-2093.

[4] Tao X, Song W. Profit-oriented task allocation for mobile crowdsensing with worker dynamics: Cooperative offline solution and predictive online solution[J]. IEEE Transactions on Mobile Computing, 2021, 20(8): 2637-2653.

[5] Xu J, Rao Z Q, Xu L J, et al. Incentive mechanism for multiple cooperative tasks with compatible users in mobile crowd sensing via online communities[J]. IEEE Transactions on Mobile Computing, 2019, 19(7): 1618-1633.

[6] Nie J T, Luo J, Xiong Z H, et al. A multi-leader multi-follower game-based analysis for incentive mechanisms in socially-aware mobile crowdsensing[J]. IEEE Transactions on Wireless Communications, 2021, 20(3): 1457-1471.

[7] Zhao Y, Zheng K, Yin H, et al. Preference-aware task assignment in spatial crowdsourcing: From individuals to groups[J]. IEEE Transactions on Knowledge and Data Engineering, 2022, 34(7): 3461-3477.

[8] Jiang J C, An B, Jiang Y C, et al. Group-oriented task allocation for crowdsourcing in social networks[J]. IEEE Transactions on Systems, Man, and Cybernetics: Systems, 2021, 51 (7): 4417-4432.

[9] Krishna M B, Lorenz P. Collaborative participatory crowd sensing using reputation and reliability with expectation maximization for IoT networks[C]//ICC 2021-IEEE International Conference on Communications, Montreal, 2021: 1-6.

[10] Wang W D, Gao H, Liu C H, et al. Credible and energy-aware participant selection with limited task budget for mobile crowd sensing[J]. Ad Hoc Networks, 2016, 43: 56-70.

[11] Wu F, Yang S, Zheng Z Z, et al. Fine-grained user profiling for personalized task matching in mobile crowdsensing[J]. IEEE Transactions on Mobile Computing, 2021, 20 (10): 2961-2976.

[12] Cai J L Z, Yan M Y, Li Y S. Using crowdsourced data in location-based social networks to explore influence maximization[C]//IEEE INFOCOM 2016-The 35th Annual IEEE International Conference on Computer Communications, San Francisco, 2016: 1-9.

[13] Wang L, Yang D Q, Yu Z W, et al. Acceptance-aware mobile crowdsourcing worker recruitment in social networks[J]. IEEE Transactions on Mobile Computing, 2021,22 (2): 634-646.

[14] Zhao L, Tan W A, Li B, et al. Multiple cooperative task assignment on reliability-oriented social crowdsourcing[J] IEEE Transactions on Services Computing, 2022,15 (6): 3402-3416.

[15] Cho E, Myers S A, Leskovec J. Friendship and mobility: User movement in location-based social networks[C]//Proceedings of the 17th ACM SIGKDD International Conference on Knowledge Discovery and Data Mining, San Diego, 2011: 1082-1090.

[16] Luo S Y, Sun Y M, Wen Z Y, et al. C2: Truthful incentive mechanism for multiple cooperative tasks in mobile cloud[C]//2016 IEEE International Conference on Communications (ICC), Kuala Lumpur, 2016: 1-6.

[17] Lan Y Y, Niu S Z, Guo J F, et al. Is top-k sufficient for ranking?[C]//Proceedings of the 22nd ACM International Conference on Information & Knowledge Management, San Francisco, 2013: 1261-1270.

第3章 跨层协同的遮挡目标识别技术

智慧物联网目标识别服务是应用最为广泛的多模态服务应用之一。目标识别服务需处理多源异构的海量图像、视频等多模态数据，然而大面积遮挡使目标识别模型精度急剧下降，已有的遮挡识别算法缺乏终端、边缘与云端计算资源的联合利用与优化，难以适用于遮挡目标的实时识别。在目标识别领域，人脸识别有着最广泛的应用。凭借着传染性强、传播速度快、传播途径多样等特点，甲/乙型流感病毒席卷全球，在高铁站、汽车站等人流量较大的区域，佩戴口罩能有效减少病毒交叉感染，但却给人脸核验工作带来了不便，因此，对存在遮挡的人脸进行高效、快速的识别具有重大的研究意义与实用价值。

由于口罩遮挡了大面积的人脸区域，智能视觉终端设备可提取的面部特征变少并且伴随着大量的噪声，常用的人脸识别算法模型精度急剧下降。摘下口罩会使人脸大面积暴露在空气中，并且在人流量较大的公共区域时，过长的识别时延会导致大面积人群拥堵，影响乘车安全和公共秩序，并进一步增大了病毒传播的风险。本章利用云-边-端跨层计算资源协同处理遮挡人脸识别问题，对口罩检测模型进行轻量化处理，并且优化遮挡人脸识别模型的性能，通过深度强化学习策略进行早期退出点和模型分区点选择，对模型进行自适应边云分区部署，有效解决了遮挡人脸模型部署所需的强算力要求，同时满足智慧物联网下的实时识别需求。

3.1 遮挡目标识别研究现状及主要挑战

3.1.1 遮挡目标识别研究现状

识别目标在镜头中移动、变换姿势或环境因素将使目标存在遮挡，导致识别精度大大降低，识别任务在图片模糊、干扰因素多的情况下，特征提取难度加大，移动速度快于识别速度会导致识别任务失败。遮挡人脸的识别需考虑面部信息缺乏、特征丢失、遮挡物多样化等影响因素。目前许多研究已经通过传统人脸识别方法或者深度学习方法在一定程度上提高了存在遮挡情况下的人脸识别精度。

已有研究利用传统的人脸识别方法进行遮挡人脸的识别，文献[1]中采用局部二值模式(local binary patterns，LBP)对人脸特征纹理和局部细节进行提取，这一类方法容易受到光照、表情等因素的影响，造成识别精度过低。子空间回归法通过将具有遮挡的人脸图像向量和其他类型向量分配到单独的子空间，将存在遮挡的人脸识别任务看作不同空间的回归问题，利用稀疏表示法和协同表示法等方法进行识别。此外，鲁棒误差编码方法通过"加法模型"和"乘法模型"对遮挡区域和普通无遮挡人脸区域进行分类建模，从而判断图像存在遮挡的位置，利用结构化误差编码和权重误差编码方法进行识别。

随着深度学习的发展，利用神经网络解决机器视觉问题的方法层出不穷，其同样也应用到遮挡人脸识别中。为了提高遮挡人脸的识别精度，减少未遮挡区域特征所受的影响或修复遮挡区域的人脸固有特征成为遮挡人脸识别的两种基本思路。

1. 特征重建

特征重建的方法主要是利用图像信息的冗余部分进行遮挡部分的重建与识别。文献[2]利用遮挡人脸和无遮挡之间的差异建立掩码字典，在被测图像存在遮挡时，组合掩码字典生成特征丢弃掩码，消除被破坏的特征元素来重建人脸。文献[3]创新性地引入校正块，考虑遮挡和未遮挡人脸特征的一致性，在校正空间中最小化这两类人脸的距离。

2. 特征丢弃

丢弃遮挡部分的识别方法包括基于子空间回归的稀疏编码与协同表示方法。近年的相关研究大多提取鲁棒特征用于遮挡人脸的识别。文献[4]通过网络局部丢弃和特征擦除来模拟遮挡，设计注意力模块来提高非遮挡区域对人脸识别的重要性。基于深度学习的遮挡人脸识别方法通过理解人脸中的高阶属性，利用多层非线性映射和基于反向传播的反馈学习机制，设计识别网络完成遮挡人脸识别任务。

上述研究方法对于遮挡人脸识别任务的模型精度都有较大提升。然而传统的遮挡人脸识别相关方法不能完全消除重构存在的误差，提升的精度有限。基于深度学习的遮挡人脸识别方法虽然具有较强的学习能力，然而网络层堆叠和模块的重复利用会导致巨大的计算量，对任务设备的算力要求过高，因此遮挡人脸识别的模型改进和实际应用时的计算时延优化都是亟待解决的问题。

3.1.2　遮挡目标识别主要挑战

随着深度学习和人工智能的发展与应用，普通人脸识别任务可以在多种类型的智慧物联网设备上精确、快速地完成计算。深度神经网络提取图像特征用于人脸识别，伴随着各种轻量化处理手段用于处理网络，如模型蒸馏、模型剪枝等手段，因此，人脸识别模型可部署于各种智慧物联网设备上以广泛应用，为智能监控、人脸核验等日常工作提供了有力保障。然而，人们在出行时如果佩戴口罩遮挡面部会使人脸识别模型精度骤然下降甚至失效，因此，现有的遮挡人脸识别研究存在以下多种挑战。

1. 遮挡人脸识别模型精度有限

在人脸存在大面积特征丢失时，模型无法定位到戴口罩的人脸，或者当存在噪声信息进行识别计算时，精度会大幅度下降，已有方法大多依靠强大的神经网络进行特征提取、特征融合和特征重建，如利用生成对抗网络进行遮挡部分的人脸重建，或者专注于最小化遮挡人脸和无遮挡人脸间的差异，网络结构倾向于深层次、多参数。然而，目前的大多数研究仍难以达到无遮挡人脸识别时的精度。

2. 复杂模型面向资源受限终端的适用性差

现有的遮挡人脸识别模型过于复杂，网络层次较深，对于识别模型承载设备的算力要求较高，无法直接部署在资源受限的智慧物联网终端设备上。然而，丢弃和重建两种方法的精度在很大程度上侧重于改进重建模型或特征提取模块的性能，在实际的智慧物联网应用场景下没有考虑遮挡人脸识别的整体识别速度优化。云计算、边缘计算的出现可有效缓解上述问题。有研究者将复杂的视频图像识别任务从终端迁移到远程云，利用云服务器丰富的计算资源处理识别任务，然而，受输入数据质量、动态网络环境等因素影响，易造成较长的传输时延与图像识别时延。基于边缘计算思想，有研究者将推理任务和检测模型卸载到离终端较近且具有一定算力的边缘服务器中，从而加速任务推理，在一定程度上解决了传统云中心识别模式的高传输与识别时延问题。

3. 计算时延较长，难以满足用户需求

现有的研究中，仅基于云计算或边缘计算的识别模式会造成较长的推理时延。随着终端设备算力的日益增强以及用户对自身数据安全的重视，终端结合边或云计算进行任务卸载，通过协同计算可最小化任务推理时延。目前，面向遮挡人脸识别的云-边-端协同识别方法的研究成果极为匮乏。模型分区是一种能合理地动态利用多种设备算力的新兴研究方法，可充分利用终端的有限算力资源，通过将完整的网络划分成子网络进行识别网络结构的细粒度拆分，进而依据终端、边缘、云的资源特征进行跨层的识别网络分区部署。

3.2　云-边-端协同遮挡目标识别架构

传统的仅基于云或边缘的识别架构未充分利用终端、边缘、云的计算资源，会造成较长的推理时延。本章考虑遮挡人脸识别任务中人脸检测和识别阶段的任务特点及部署设备的资源特点，对检测模型和识别模型进行优化部署，加强特征提取和特征融合，从而加速识别任务。本章设计云-边-端协同遮挡人脸识别架构，融合云服务器、边缘服务器及终端的计算能力，考虑云、边、端的资源特征设计相应的模型，并提出时延优化的模型分区方法，实现智慧物联网下云-边-端协同的识别加速。本章设计的识别架构由端层、边层和云层三部分组成，如图 3.1 所示。

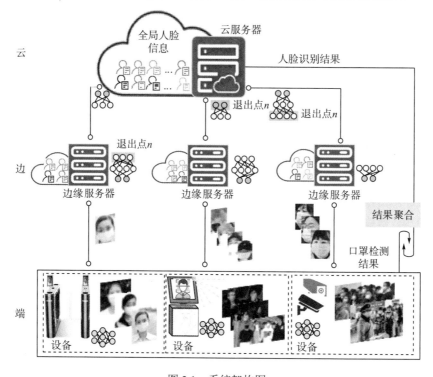

图 3.1　系统架构图

端层由资源受限的设备组成，用于采集数据并定位图片中戴口罩的人脸位置。所提出的轻量化目标检测模型部署于终端的人脸核验机与智能摄像头上，对采集到的图像进行口罩佩戴检测从而定位人脸位置，在终端缓存口罩佩戴状态的结果信息；传输裁剪后的脸部图像到边缘服务器。

边层由具有一定计算能力的服务器组成，用于提出分区决策并实现部分遮挡人脸识别任务。接收面部图像后利用潜在特征增强的柔性边界识别模型进行遮挡人脸识别。根据动态网络带宽等因素，结合深度强化学习得到动态分区卸载和早期退出策略。

云层由具备强大算力的云服务器集群组成，用于完成识别任务的后续计算。云端接收分区策略信息，执行模型其余部分的计算，得到的特征向量与云上的人脸信息库进行匹配，得到最终的人脸识别结果，并将结果回传给智能终端设备。终端设备整合口罩佩戴状态结果和人脸识别结果，完成遮挡人脸识别核验任务。

如图 3.2 所示，当智能视觉终端采集到存在遮挡的人脸图像信息后，利用所提的特征相似度估计模型实现口罩佩戴规范识别，在终端缓存佩戴结果，传输人脸部分图像和用户时延需求到边缘。边缘侧接收图像数据后进行边界填充，利用所提的潜在特征增强的柔性边界识别模型进行未遮挡位置的特征提取，以实现遮挡人脸识别任务计算。考虑当前带宽、时延需求等因素，实行分区点与退出点选择策略，实现高精度下遮挡人脸识别任务的推理加速。边层进行遮挡人脸识别前部分计算，传输中间计算的特征映射到云服务器。云服务器接收特征映射和点选择策略，完成遮挡人脸后部分计算任务，将识别结果传回终端。

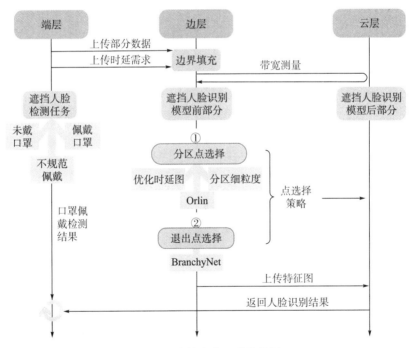

图 3.2　遮挡人脸识别流程图

综上所述，区别于仅关注模型改进或者仅对任务单一卸载的现有方法，本章方法在完成遮挡人脸识别任务时，针对物联网设备计算能力的差异性与识别网络的模型结构特点，进行分层的任务部署，以充分利用云-边-端的计算资源，实现时延和精度双重优化。

3.3　特征优化的两阶段识别模型

3.3.1　相似度估计的轻量化检测

　　为了减轻终端的计算负载，并且减少图像数据从终端到边缘服务器的传输时延，本章采用适用于终端的轻量化检测模型，以分割保存目标图像区域数据并传输到边缘服务器。

　　深度神经网络往往通过多个结构层提取图像特征以得到特征映射，然而不同层提取的特征映射之间存在着高度相似性。为了减少模型提取特征时的计算量，本章结合 Ghost 模块，对当前的特征映射实行卷积操作得到压缩的本征特征，并且利用线性操作获得其他特征图，简化特征提取的计算，通过堆叠本征特征和线性计算后的特征，得到下一层级的相似度高的特征映射，Ghost 模块可替代普通卷积实现更高效率的特征计算。

　　本章设计的遮挡人脸识别网络结构如图 3.3 所示。本章使用改进后的轻量级特征相似度评估(feature similarity estimation，FSE)模型作为三类目标检测器，分为戴口罩类、不戴口罩类和佩戴口罩不规范类。检测器能准确检测戴口罩的目标，受面部遮挡的影响较小。本章选择 YOLOv5(you only look once version 5)中的 v5s 作为口罩检测的基础网络，即 YOLOv5s，其本身是一种轻巧快速、准确率高的一阶段检测模型。堆叠 Ghost 模块构成残差结构进行升维和降维的操作，得到 Ghost 瓶颈层后用以替代原始瓶颈层，得到新的主干网。在保证良好的检测效果的情况下，减少模型参数的数据量，进一步提高执行速度。

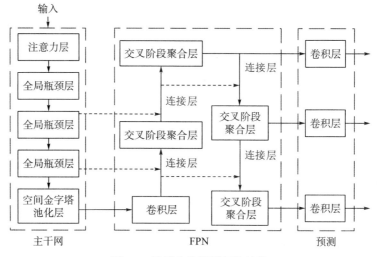

图 3.3　遮挡人脸识别网络结构

通过 Ghost 模块构建特征提取主干网，来提取遮挡人脸图像的整体特征。随后进行特征加强提取，使用空间金字塔池化(spatial pyramid pooling，SPP)，并且提取三个不同尺度的特征图，通过交叉阶段聚合(cross stage partial，CSP)层以构建特征金字塔网络(feature pyramid network，FPN)进行特征融合，输入预测模块，最终实现对图像中不同尺寸的遮挡目标的精确识别。模型所采用的损失函数如式(3.1)所示：

$$L_a = L_{obj} + L_{class} + L_{EIOU} \tag{3.1}$$

式中，L_{obj} 为 YOLOv5s 原始的置信度损失函数；L_{class} 为分类损失函数，本章采用改进的预测框损失函数 $L_{E_{IoU}}$ 进一步提高准确率，如式(3.2)所示：

$$L_{E_{IoU}} = L_{IoU} + L_{dis} + L_{asp}$$
$$= 1 - IoU + \frac{\rho^2(b^{pr}, b^{gt})}{c^2} + \frac{\rho^2(w^{pr}, w^{gt})}{C_w^2} + \frac{\rho^2(h^{pr}, h^{gt})}{C_h^2} \tag{3.2}$$

式中，L_{IoU} 为交并比损失；L_{dis} 为中心距离损失；L_{asp} 为宽高损失；IoU 为重叠度；b^{pr} 和 b^{gt} 分别为预测边界框和真实边界框的中心点；w^{pr} 和 w^{gt} 分别为预测边界框和真实边界框的宽度；h^{pr} 和 h^{gt} 分别为预测边界框和真实边界框的高度；ρ 为欧氏距离；c 为最小外接框的中心值；C_w 和 C_h 分别为最小外接框的宽度和高度值。

通过 FSE 对图像中存在的人脸进行检测后，保存目标边界框的坐标信息，截取出图像中有价值的人脸面部信息，丢弃背景信息，减少传输数据量。

3.3.2　潜在特征增强的柔性边界识别

人脸的大部分区域都被口罩遮挡，导致下半部分人脸信息丢失，提取的特征包含大量噪声，使用普通的人脸识别模型会导致识别精度急剧下降。因此，本章在边缘层设计了潜在特征增强的柔性边界识别模型(feature-enhanced elastic margin face recognition model，FEM)，如图 3.4 所示，主要包括主干特征提取网络、混合注意力模块、早期退出分支。首先，本章在 FaceNet[5]引入多个残差模块，最大限度地减少了网络深度增加而导致的梯度消失，在保持高精度的同时减少数据中的信息冗余。

为了提高遮挡人脸识别的准确性，减少无关信息的干扰，提取未被遮挡的面部特征，本章加入卷积块注意力模块(convolutional block attention module，CBAM)，模块中融入了通道注意力(channel attention，CA)模块和空间注意力(spatial attention，SA)模块，通过计算通道和空间注意力特征图权重值，区分被遮挡区域和未遮挡区域的权重，提高识别精度，并通过串行式分步连接设计来降低计算复杂度，混合注意力特征计算如式(3.3)、式(3.4)所示：

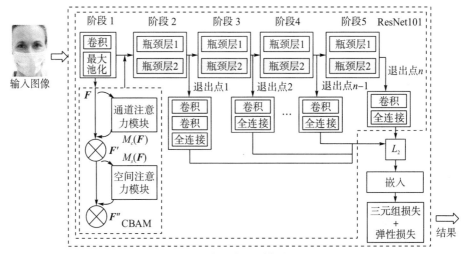

图 3.4 口罩人脸识别模型

$$F' = M_c(F) \otimes F \tag{3.3}$$

$$F'' = M_s(F') \otimes F' \tag{3.4}$$

通道注意力模块主要是为了压缩特征映射的空间信息，为整个特征映射的通道像素赋予不同的权重。$\otimes$ 表示卷积运算。对输入的特征图 F 在空间上进行平均池化和最大池化，对向量进行逐像素点相加，通过不同层之间特征的依赖关系对特征映射的不同区域进行加权处理。上一模块输出的特征 F' 与原始特征图 F 相乘后输入空间注意力模块，主要是为了压缩特征映射的通道信息，经过通道上的最大池化和平均池化后按照通道维度进行特征图拼接，得到最终的注意力特征映射 F''。将 CBAM 应用于特征提取网络的第一层卷积层，网络使模型能更好地聚焦于人脸未戴口罩的上半部分，提高遮挡人脸识别任务的准确性和鲁棒性。

另外，本章针对原有的三元组损失函数难以收敛并且容易忽略人脸特征的差异性问题进行改进，提出三元组损失与弹性损失联合监督的方式，保障网络特征匹配阶段的可靠性和有效性。本章的损失函数如下：

$$L_b = L_1 + \beta L_2 \tag{3.5}$$

式中，L_1 为三元组损失函数；L_2 为弹性损失函数；β 为平衡系数，如下：

$$L_1 = \sum_i^N [\| f(\boldsymbol{x}_i^a) - f(\boldsymbol{x}_i^p) \|_2^2 - \| f(\boldsymbol{x}_i^a) - f(\boldsymbol{x}_i^n) \|_2^2] + \alpha \tag{3.6}$$

式中，α 为正负样本的边界值，α 值越高则区分度越高；N 为集合中包含的样本数量；$\boldsymbol{x}_i^a$ 为第 i 个被选样本 a；$\boldsymbol{x}_i^p$ 为第 i 个正样本 p；$\boldsymbol{x}_i^n$ 为第 i 个负样本 n。

$$L_2 = -\frac{1}{N} \sum_{i=1}^N \log_2 \frac{e^{s(\cos(\theta_{y_i} + E(m,\sigma)))}}{e^{s(\cos(\theta_{y_i} + E(m,\sigma)))} + \sum_{j=1, j \neq y_i}^n e^{s(\cos(\theta_j))}} \tag{3.7}$$

弹性损失中加入弹性边界，能最小化类内变化和最大化类间变化来提高模型识别能力。其中，θ_j 是权重 $\boldsymbol{W}_j$ 和样本深层特征 $\boldsymbol{x}_i$ 之间的角度，$E(m,\sigma)$ 为服从正态分布的函数，通过返回符合高斯分布的随机值作为边界惩罚值，在分类时更具有灵活性。

在进行遮挡人脸识别任务时，首先向 FEM 输入遮挡人脸图片，利用主干网络 ResNet101 提取特征后得到特征映射，经全局平均池化后输入全连接层进行展平操作，得到一个长度为 128 的特征向量，随后进行标准化处理，计算向量元素的 L_2 范数，如下：

$$\| \boldsymbol{x} \|_2 = \sqrt{\sum_{i=1}^{N} \boldsymbol{x}_i^2} \tag{3.8}$$

式中，$\boldsymbol{x}_i$ 表示向量元素。将每个 L_2 范数进行 L_2 标准化后得到的结果作为输入图片的最终输出矩阵数据，方便后续与数据库中的人脸进行比对，计算特征向量间的距离以衡量输入图片与数据库中人脸图片的相似度。

通过特征相似度估计的轻量化检测模型可以实现对遮挡人脸的精准定位检测，然后，采用潜在特征增强的柔性边界识别模型可以实现对遮挡脸部的特征提取优化，以实现精确的身份识别。

3.4　情境感知的模型分区方法

本章通过上述方法可实现对遮挡人脸的精确识别。为了进一步优化识别任务的处理时延，本节提出情境感知的模型分区方法，通过感知网络状态的动态演进态势，动态决策分区点与退出分支的设计。

3.4.1　识别模型时延优化图抽象

边缘层部署网络层数较深的遮挡人脸模型 FEM，主干网 ResNet101 由多个残差模块构成，本节对子图模块进行合理优化分区。

选取模型分区点时若仅将深度神经网络(deep neural network，DNN)中的模块看为单一逻辑层或者将模型整体看作长链式结构，则忽略了对一些含子图的 DNN 进行更全面、细致的分区研究，未实现模型的细粒度分区，未得到遮挡人脸识别推理加速策略选择的最优解，这将影响实时识别应用的效率。因此，本章将分区点划分为链式分区点和模块子图内分区点两类。

对 ResNet101 中包含子图的模块进行时延建模，可将其抽象为有向无环图(direct acyclic graph，DAG)：$G = (V,E)$，在其中寻找到最佳分区点，使得在动态变化的网络条件下，总时延最短。如图 3.5 所示，图 3.5(a) 和图 3.5(c) 为

ResNet101 中包含的残差子图模块，图 3.5(b) 和图 3.5(d) 为 ResNet101 的 DAG 时延图，图 3.5(e) 是各节点的时延建模。

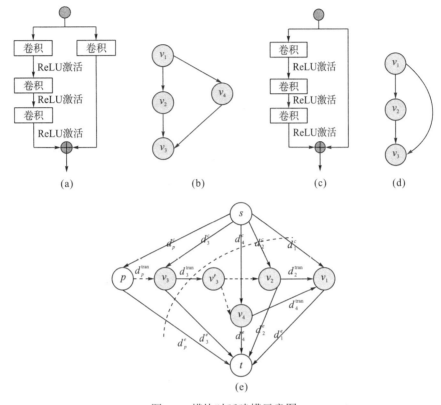

图 3.5　模块时延建模示意图

在子图中建立虚拟节点 s 和 t，每个神经网络层抽象为一个节点 v_i，每个节点相关时延为 $(d_i^e, d_i^{tran}, d_i^c)$。$s$ 与 v_i 相连的边 $d_i^c \in D^{clo}$ 表示该层在云上的处理时延，t 与 v_i 相连的边 $d_i^e \in D^{edg}$ 表示该层在边缘设备上的处理时延，层 v_i 与层 v_j 的边 $d_i^{tran} \in D^{tran}$ 表示该层作为分区点输出数据的传输时延。传输时延 $d_i^{tran} = d_i^{in} / B$，$d_i^{in}$ 是第 i 层输入数据的大小，B 表示动态变化的带宽。DNN 分区总时延如下：

$$D_1 = D^{edg} + D^{tran} + D^{clo} \tag{3.9}$$

对于 DAG 形式的 DNN，一个顶点可能存在多个后继节点，使该层的通信时延被多次计算。因此，对于顶点的出度 k（$k > 1$），该点复制 k 次。图 3.5 中 v_3 的复制节点为 v_3'。考虑到云服务器的计算能力远比边缘服务器强大，因此 d_i^c 始终小于 d_i^e，容易造成 DNN 的参数计算完全卸载到云服务器执行。因此，本章引入一个外部节点 p，设定 $d_p^c = \infty$，$d_p^e = 0$，d_p^{tran} 为数据全部传输到云服务器所需要的时延，$d_p^{\text{tran}} > d_1^{\text{tran}}$。

本章用提取网络中残差模块抽象出的 DAG 时延图，采用 Orlin 算法计算当前时延图 G' 的最大流最小割，最终将残差模块内的节点划分为两个集合 V_c 和 V_e。使用 Orlin 算法的时间复杂度最低为 $O(mn)$，可提高子图分区计算效率，m 为边的条数，n 为节点个数。

将 DAG 时延图中与虚拟节点 s 和 t 相连的边看作外向边，例如，在云上的运行时间 d_i^c、边上的运行时间 d_i^e。其余边看作内向边，如层间传输时间 d_i^{tran}。精简 DAG 时延图，从而降低计算复杂度，收缩边 d_i^{tran} 把节点 i 和 $i+1$ 合并为一个收缩点，连向 i 和 $i+1$ 的边都重新连向新收缩点。将最大流问题作为一系列改进阶段来解决，称为 Δ-改进阶段。输入流 x，残余容量向量 $r = r[x]$ 和 (S, T) 割用三元组 (r, S, T) 表示。$\Delta = r(S, T)$ 是最大剩余流量的上界，每阶段输出 x'，残余网络 $r' = r[x']$，割为 (S', T')，满足式 (3.10)：

$$r'(S', T') \leqslant \frac{\Delta}{4m} \tag{3.10}$$

边上残余容量 $\geqslant 2\Delta$ 的称为冗余弧，将图中有向环收缩为单节点。由冗余弧集得到冗余图 Grab，若存在有向路径，则动态维护冗余图的传递闭包；若存在冗余路径，则利用前驱节点矩阵进行保存。收缩外向边形成冗余环，收缩冗余环建立强收缩图 G^{sc}，$G(r)$ 的最大流与 G^{sc} 的最大流相等。构建收缩图的冗余伪弧，边的残余容量可表示为

$$r(i, i+1) + r(i+1, i) < \frac{\Delta}{64m^2} \tag{3.11a}$$

$$\frac{\Delta}{64m^2} \leqslant r(i, i+1) \bigcap [r(i, i+1) + r(i+1, i) \leqslant 4\Delta] \tag{3.11b}$$

$$r(i, i+1) < 2\Delta \bigcap r(i+1, i) \geqslant 2\Delta \tag{3.11c}$$

式中，式 (3.11a) 为小容量，式 (3.11b) 为中容量，式 (3.11c) 为反冗余边。将路径上的残余容量转移到伪弧上，直到所有的点成为 Δ-极可压缩点，即构建出仅包含 Δ-关键点的 Δ-收缩图。从收缩图的冗余伪弧流和非冗余伪弧流转换为原图最大路径流，利用动态数据结构不断沿着伪弧转换流 x'，直到不存在有正流量的伪弧环。

通过本节的子图时延优化和图分割方法在对 DAG 模块进行优化选择的同时，可提高点选择的计算效率，并可用于情境感知分区策略 DAG 型模块分区点的提取。

3.4.2　情境感知的分区策略

为了进一步加速推理，本章将模型细粒度分区与早期退出机制相结合，使得

能在退出点 n 提前得知计算结果。主干网络 ResNet101 由 109 个卷积层和 1 个全连接层组成，在具有良好的特征提取能力的同时，其网络堆叠层数多。基于开源框架 BranchyNet[6]训练识别模型得到包含早期退出分支的网络，在精度达到用户需求时提前退出网络推理，在降低总处理时延的同时对整体精度略有影响。本章采用彩虹深度强化学习(rainbow deep Q-network，Rainbow DQN)生成分区点和退出点的选择策略，实现模型分区和早期退出在时延和精度上的均衡。

模型分区的状态空间由准确性、数据大小和推理时延组成，如式(3.12)所示：

$$S = \{s \mid s_t = (\Theta_t, d_t^{\text{in}}, D_t^{\text{tran}}, D_t^{\text{edg}}, D_t^{\text{clo}})\} \tag{3.12}$$

式中，Θ_t 为 DNN 实时推理精度；d_t^{in} 为终端输入数据大小；D_t^{tran} 为特征映射从边缘服务器传输至云服务器的时延；D_t^{edg} 为前半部分网络层在边缘服务器上的处理时延；D_t^{clo} 为后半部分网络层在云服务器上的处理时延。

模型分区策略选择包括选择神经网络在边云间的分区点，以及提前结束计算的早期退出点，动作空间如下：

$$A = \{a \mid a_{t,j,k} = (P_{t,j}, E_{t,k})\}, \quad j \in \{1, 2, \cdots, J\}, k \in \{1, 2, \cdots, K\} \tag{3.13}$$

式中，$P_{t,j}$ 为分区点集合，包含各层间分区点和子图模块内的分区点；$E_{t,k}$ 为早期退出分支点集合。在选择分区点和退出点时，靠近模型后端的退出分支的退出概率较高，退出点 $k \in \{1, 2, \cdots, K\}$，$k = 3$ 代表原网络的输出层。

智能体通过决定每个时间点的动作，使这些时间点的总回报最大化。动作决策可定义为一个序列，当采取的动作策略为 π 时，相应的状态为 s_t^π。因此，智能体的目标函数是在时间区间内找到最佳策略 π^*，可表示为

$$\max_{\pi \in \Pi} E_S^\pi \left[\sum_{t=1}^N r_t(s_t^\pi, a_t) \right]$$
$$\text{s.t. } C_1 : 0 \leqslant l_t \leqslant L, \quad t \in T$$
$$C_2 : \Theta_t \geqslant P, \quad t \in T \tag{3.14}$$
$$C_3 : \sum_{i \in N} p_{i,t}^m \leqslant \max p_t^m$$
$$C_4 : \sum_{i \in N} p_{i,t}^c \leqslant \max p_t^c$$

式中，C_1 表示不超过预设的时延需求；C_2 表示精度不低于检测需求；C_3 表示在边缘服务器上进行的层计算量不高于边缘服务器的计算能力；C_4 表示在云服务器上进行的层计算量不高于云服务器的计算能力；N 为深度神经网络隐藏层的层数。

边缘侧和云端的计算能力用服务器的计算功率表示，设定其计算频率分别为 f_t^m 和 f_t^c，设定能效系数分别为 ζ_t^m 和 ζ_t^c，因此，计算功率在边缘侧为 $p_t^m = \zeta_t^m \cdot (f_t^m)^3$，在云层为 $p_t^c = \zeta_t^c \cdot (f_t^c)^3$。

随着状态 s_t 的输入，Rainbow DQN 根据方案设定 DNN 的分区点和早期退

出点进行推理，记录处理总时延并且检测准确率。基于以上流程，得到奖励函数如下：

$$r_t = \begin{cases} \mathrm{e}^{\phi\Theta_t}, & l_t \leqslant L \\ 0, & \text{其他} \end{cases} \tag{3.15}$$

式中，e 为自然底数；L 为人脸识别任务的时延需求；Θ_t 为当前的推理精度；l_t 为当前的推理总时延；ϕ 为调整奖励幅度的超参数。

Rainbow DQN 中采用 NoisyNet 提高模型的探索能力。其中，评估网络和目标网络是两个结构相同的神经网络，网络参数分别为 ϑ^+ 和 ϑ^-。引入竞争网络结构 (dueling network) 将输出层划分为两个分支，包含状态价值网络 $v(s_t, \vartheta, \alpha)$ 与动作优势网络 $A_\varphi(s_t, a_t, \vartheta, \beta)$，$Q$ 值计算公式如下：

$$Q(s_t, a_t, \vartheta) = v(s_t, \vartheta, \alpha) + \left(A_\varphi(s_t, a_t, \vartheta, \beta) - \sum_{a_{t+1} \in A} A_\varphi(s_t, a_{t+1}, \vartheta, \beta) / |A| \right) \tag{3.16}$$

式中，$|A|$ 为动作空间中可行动作的个数；α 和 β 为两个子网络的独有参数。

Rainbow DQN 的工作流程如图 3.6 所示。神经网络的神经元输入一个五维向量，输出层选择 Q 值最大概率的动作并执行以获得奖励。输入遮挡人脸识别网络模型架构信息，设定时延需求，并记录边云设备计算能力的相关参数。在训练阶段使用状态空间 S 和动作空间 A 的交互得到足够多的数据。使用多步学习来更新参数 ϑ 的损失函数：

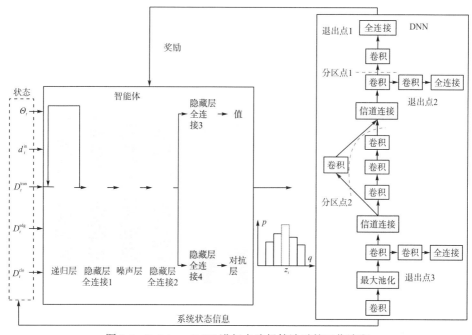

图 3.6　Rainbow DQN 进行点选择算法时的工作流程

$$\text{Loss}(\vartheta_t) = r_t^{(n)} + \gamma_t^{(n)} Q(s_{t+n}, \arg\max_{a+n} Q(s_{t+n}, a_{t+n}, \vartheta^-) - Q(s_t, a_t, \vartheta))^2 \tag{3.17}$$

式中，$\gamma_t^{(n)}$ 为第 n 次的折扣因子；$r_t^{(n)}$ 为第 n 次的奖励因子。如果该方案不满足时延需求，则预测下一状态的最优动作对评估网络进行更新，从而得到输入状态和 Q 值之间的映射关系。多次迭代计算，直到收益趋于稳定，则证明评估网络的参数收敛。

在实际应用时设定用户的时延需求，边缘服务器测定当前的网络带宽，获取输入的数据大小，测量输入的状态向量。基于收敛的评估网络和贪婪动作策略选择 Q 值最大的动作：选择分区点和退出点。边缘服务器执行分区点前部分推理，云服务器执行后部分推理流程，并在选定的退出点结束推理进程，得到识别结果，最后回传到终端，完成一系列云-边-端协作推理的遮挡人脸识别任务。

3.5 遮挡目标识别算法性能验证

3.5.1 仿真环境设置

本章基于 Python 语言进行系统开发，使用单个树莓派模拟智慧物联网中的终端设备，配置中央处理器(central processing unit，CPU)的 i3 处理器模拟单个边缘服务器，配置 NVIDIA、CUDA10.0 的单个服务器模拟三种不同计算能力的设备。终端人脸检测模型采用的数据集按 9：1 比例用于模型训练和测试。MaskedFace-Net[7]是开源的人脸虚拟口罩佩戴数据集，图像包含正确佩戴口罩、不规范佩戴口罩的人脸图像。考虑到日常实际情况，主要选择未遮盖鼻子的图像、未遮盖鼻子和嘴的图像作为不规范佩戴口罩的数据，利用 LableImg 标注为视觉对象类(visual object classes，VOC)格式的数据集。本章使用 Kaggle 平台的开源数据集中的部分图像，包括真实人脸状态的未佩戴口罩图像与规范佩戴口罩图像。最终的数据集主要分为不规范佩戴口罩的人脸、未佩戴口罩的人脸和正确佩戴口罩的人脸三类，包括真实和虚拟的口罩图像，涵盖不同人种、肤色和性别，年龄跨度大，如图 3.7 所示。

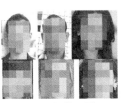
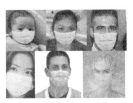

(a) 不规范佩戴口罩   (b) 未佩戴口罩   (c) 正确佩戴口罩

图 3.7　终端口罩人脸检测数据集分类情况

在边缘层上遮挡人脸识别模型采用 VGG-Face2-train 和 Masked VGG-Face2-train 作为训练集，采用 LFW、Masked LFW 和部分 Masked VGG-Face2-test 作为测试集。VGG-Face2 是一个大规模人脸识别数据集，包含 331 万张图像、9131 个身份标识号（identity document，ID），涵盖不同姿态、年龄、光照和背景的人脸。LFW 包含 13000 张图像，约 5700 个 ID，测试时随机选择 6000 张人脸图像组成人脸辨识图像对，包含 3000 对匹配人脸和 3000 对不同人脸图像，用于测试未遮挡人脸识别的准确率。Masked LFW 是用于遮挡人脸识别的数据集，本章对 LFW 和 VGG-Face2 测试集使用遮挡面部（mask the face）算法识别[8]进行人脸关键点检测后增加口罩掩码，模拟口罩遮挡效果，用于测试遮挡人脸识别的准确率。

3.5.2　仿真结果分析

1. 模型性能

首先将本章设计的轻量级模型与先进的通用目标检测器进行对比，对比指标为均值平均误差精度（mean average precision，MAP）。终端部署的 FSE 在口罩规范佩戴检测中可以达到较好的检测精度，如表 3.1 所示。本章所提出的轻量级模型的参数量仅为 4.63MB，计算所需数据量为 8.61GB，远小于其他目标检测模型，和基准模型 YOLOv5s 相比分别减少约 36%、46%，如表 3.2 所示。YOLOv6s 和 YOLOv7 是目前先进的目标检测模型，精度稍有提升，但是差距并不明显，在模型的参数量和计算所需数据量上，YOLOv6s 和 YOLOv7 与 FSE 相差较大。综上所述，本章设计的模型在保持优越的检测精度的同时，大大降低了模型的参数量和计算复杂度，因此，更适合部署在资源受限、计算能力不足的智慧物联网终端上。

表 3.1　终端模型与先进的目标检测器对比

模型	精度			MAP
	无口罩	规范佩戴口罩	不规范佩戴口罩	
Faster R-CNN[9]	0.869	0.922	0.973	0.892
SSD[10]	0.947	0.965	0.954	0.884
Cascade R-CNN[11]	0.954	0.976	0.965	0.889
RetinaNet[12]	0.894	0.973	0.964	0.870
YOLOv5s[13]	0.951	0.964	0.963	0.933
YOLOv6s[14]	0.970	0.982	0.975	0.948
YOLOv7[15]	0.987	0.989	0.980	0.953
FSE	0.968	0.984	0.973	0.945

注：SSD 为单阶段多框检测器（single shot multibox detector）

表 3.2　模型的参数量对比

对比项	RetinaNet	SSD	Cascade R-CNN	Faster R-CNN	YOLOv5s	YOLOv6s	YOLOv7	FSE
参数量/MB	37.97	26.29	104.87	137.10	7.18	17.23	36.86	4.63
计算所需数据量/GB	169.82	62.79	181.45	370.41	15.80	44.52	105.12	8.51

经过终端人脸口罩检测后，将结果缓存在终端设备上，仅传输裁剪后的人脸图像部分到边缘服务器，如图 3.8 所示。相比传统无裁剪的传输方式，所提方法最多可减少 92.88%的数据传输量。对于人脸核验机和高清摄像头上高清晰度、高质量的图像传输而言，效果更明显，大大提高了有用数据的传输效率。

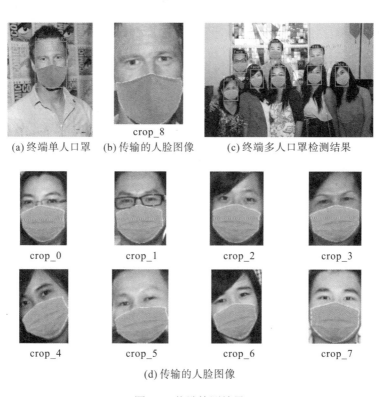

(a) 终端单人口罩　　(b) 传输的人脸图像　　(c) 终端多人口罩检测结果

crop_0　　　　crop_1　　　　crop_2　　　　crop_3

crop_4　　　　crop_5　　　　crop_6　　　　crop_7

(d) 传输的人脸图像

图 3.8　终端检测结果

树莓派模拟资源受限的智慧物联网终端考虑四种部署情况：①多任务级联卷积网络(multi-task cascaded convolutional network，MTCNN)[16]，即人脸对齐模型；②FSE；③端-边，不在端上处理图像，直接传输到边缘服务器进行处理；④端-

云，不在端和边上处理图像，直接传输到云服务器，得到的结果如图 3.9 所示。FSE 和 MTCNN 在端上处理图像并传输的时间相差不大，但是 MTCNN 作为人脸对齐模型，当存在遮挡时其预测时间会略长于目标检测模型，对于遮挡人脸识别的对齐精度远低于本章模型，并且无法实现规范佩戴口罩检测。若在端上不做任何处理，直接传输到边服务器，虽然能具备较快的图像处理速度，但是会造成较长的传输时延，并且这种情况会随着数据质量的提高而加剧。同理，向更远处的云服务器传输原始图像数据，云服务器的处理速度不足以弥补更长的处理时延。因此，合理调用端设备、边设备的计算资源是必要的。

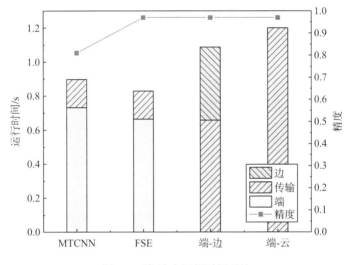

图 3.9　端-边上运行时间对比

边缘服务器和云服务器上部署 FSE，与 LFW、Masked LFW 和 Masked VGG-Face2-test 进行性能对比。根据表 3.3 中的实验结果可以看出，大部分人脸识别模型受遮挡影响较大，导致精度下降。传统人脸识别方法 LBP[1]鲁棒性较弱，易受光照影响，精度低于普通的人脸识别模型。FaceNet[17]和 ArcFace[18]虽然在未遮挡的数据集上识别准确率较高，但用于遮挡识别时性能较差；成对差分孪生卷积网络(pairwise differential siamese network，PDSN)[2]是一种先进的人脸遮挡识别模型，但在遮挡情况复杂的 Masked VGG-Face2-test 数据集上表现出较低的识别精度。FFR-Net[3]在遮挡(Masked LFW)和未遮挡数据集(LFW)上表现最好。FocusFace[19]专注于对比学习架构损失函数的调整，对于遮挡人脸识别的精度有限。本章所提方法受遮挡的影响较小，在 Masked VGG-Face2-test 数据集上的识别精度最优，对于多分类的遮挡人脸识别性能较好。

表 3.3　在不同数据集上的遮挡人脸识别模型精度对比

模型	LFW	Masked LFW	Masked VGG-Face2-test
LBP[1]	0.882	0.656	0.647
FaceNet[17]	0.967	0.892	0.833
ArcFace[18]	0.985	0.915	0.904
PDSN[2]	0.974	0.912	0.896
FocusFace[19]	0.978	0.904	0.876
FFR-Net[3]	0.992	0.942	0.910
FEM	0.994	0.937	0.923

　　本章直接引用文献[4]在 LFW、MegaFace 数据集上的实验结果进行对比，如表 3.4 所示。其中 MegaFace 包含 100 万张图像，样本中图像具有多种姿势、表情、光照和遮挡情况。本章选择其中的测试集 FaceScrub Celebrities，包含 530 个人的约 10 万张图像，其中，55742 张男性图像，52076 张女性图像。在无遮挡的普通人脸识别数据集 LFW 上，本章方法和位置感知通道丢弃(locality-aware channel-wise dropout，LCD)算法[4]均具有较好的表现。在 MegaFace 数据集上，本章方法更专注于面向人流量大的地区的遮挡人脸识别应用，对于其他场景考虑较少，仿真性能与 LCD 相当，体现了本章方法的泛化能力较强，并且 LCD 仅关注于模型改进，本章在模型计算任务的时延优化方面更具优势，因此在人群高密集区域，如车站等需要快速识别通行的场景，本章方法更具代表性。

表 3.4　在 LFW 和 MegaFace 上的识别准确率

模型	LFW	MegaFace
LCD	0.997	0.836
FEM	0.994	0.811

　　另外，为了验证本章遮挡人脸识别模型各部分的有效性，在 Masked LFW 上进行了一系列的消融实验，如表 3.5 所示。加入 CBAM 注意力机制后，通过给未遮挡区域分配更高权重，可以提高识别准确率，改变网络训练的关注信息。同时，结合弹性损失(Elasticloss)改进损失函数，可以进一步提升识别性能。

表 3.5　识别模型的消融实验

架构	FaceNet	FaceNet+CBAM	FaceNet+Elasticloss	FaceNet+CBAM+Elasticloss
识别准确率	0.892	0.925	0.910	0.937

　　本章在边缘服务器和云服务器上创建基于 LFW 的人脸数据库,包括 ID 和完整面部。将完整的模型部署在边缘服务器和云服务器上,分别测量各个模型的运行时间,选择实际运行时间中的中位数作为最终结果,如图 3.10 所示。传统人脸识别模型 LBP 不管在云服务器还是边缘服务器上,运行速率都远远落后于其他深度神经网络的模型。经典的人脸识别模型 ArcFace 和 FaceNet 在云服务器上的运行时间和本章模型相差不大,在边缘服务器上的运行时间略长。经典的遮挡人脸识别模型 PDSN 和 FFR-Net 虽然精度较高,但在云服务器和边缘服务器上运行的时间相对较长。

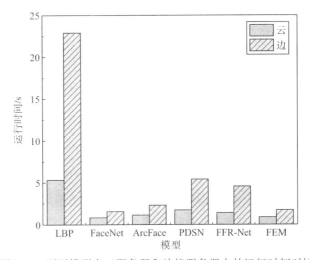

图 3.10　不同模型在云服务器和边缘服务器上的运行时间对比

　　为了方便边缘服务器上的模型对人脸图像的特征提取,对人脸图像进行边界常量填充后输入 FEM 模型进行后续遮挡人脸识别,如图 3.11 所示。将遮挡人脸识别的结果传输到终端进行结果聚合,由于数据量很小,结果的回传时间可忽略不计。

(a) 边界填充后的图像　　　　　　　(b) 人脸识别结果

图 3.11　边云协同下的遮挡人脸识别结果

2. 分区策略

进行分区策略的前提是训练退出分支，本章对主干网络 ResNet101 训练设置两个早期退出分支，在识别精度达到用户需求时提前退出网络。在主干网络的第37 个卷积层之后添加由 1 个卷积层和 1 个全连接层组成的第一个分支网络[3]。在第 61 层之后添加由 1 个卷积层和 1 个全连接层组成的第二个分支网络。因此，本章特征提取网络的识别退出点共有 3 个。本章在开源框架 BranchyNet 上使用 VGG-Face2 对这 3 个退出点进行训练，用 Masked LFW 进行测试，结果如表 3.6 所示。带有早期退出模型的 FEM（feature-enhanced elastic margin face recognition model with break-out，B-FEM）的精度会略低于原始模型，3 个分支的样本退出率逐渐递增。

表 3.6 B-FEM 训练精度与退出率

模型	精度	退出率/%
B-FEM	0.894; 0.917; 0.932	10.34; 26.79; 62.87

本章利用 Rainbow DQN 进行分区点和退出点的策略训练。在动态网络条件下，用户的时延需求为 900ms 时，分区点和退出点选取效果的验证结果如图 3.12 所示。随着带宽的增加，退出点推后，边云间数据传输的速度提高，分区点的改变更倾向于将大部分模型计算任务划分到云服务器上进行处理。

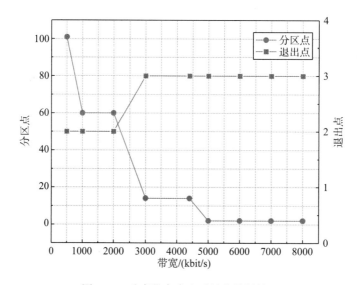

图 3.12 改变带宽大小时的点选择情况

除此以外，在固定的带宽设置为 1500kbit/s 的情况下，根据用户需求的时延容忍进行任务分析，评估本章关于分区点和退出点的选择方法，如图 3.13 所示。随着用户的时延容忍提高，退出点延后，意味着识别任务能逐渐达到最高的精度。同时，分区点的改变使更多的模型在边缘服务器上处理，降低了数据的传输泄露风险以及对云服务器的依赖。

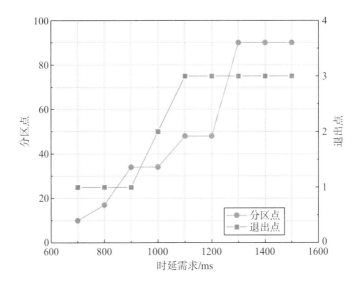

图 3.13 改变任务时延需求时的点选择情况

为了评估本章所采取的方法在加速推理方面的有效性，采用多种方法进行对比，如图 3.14 所示。设定输入数据库内存在 ID 的人脸图像数据大小为 976kB。将本章的方法与 DNN 仅在边缘执行、DNN 仅在云上执行进行时延对比，和仅在边缘执行相比，由于大部分方法结合云服务器的计算资源，因此总时延减少较多，本章的方法最多可以减少 41%的时延；和仅在云上执行相比，在网络带宽较小时，使用云服务器的策略会出现较长的传输时延，使用分区策略的方法可以达到比仅在云上计算更短的时延，本章方法可最多减少 65%的处理时延，直到网络带宽逐渐增加使数据传输时延大大减小时，本章方法总时延趋于平稳。最后，本章与同样使用分区策略的边缘智能(edge intelligence，EI)[17]算法进行比较，可以看到本章的方法时延更短，对模型推理的加速更明显，这是因为本章不仅增加了分区点的考虑范围，包括链式分区点和 DAG 模块分区点，考虑的分区点更细致、全面；并且，使用精度高的强化学习算法进行训练，对于带宽变化情况更敏感，因此，在同样的网络条件下能更为及时、精准地调整分区策略，最多可有效减少 16%的总时延。

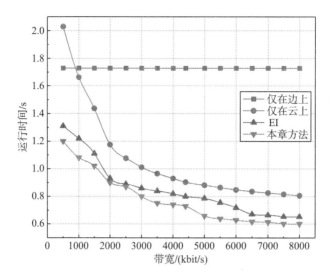

图 3.14　不同方法的时延对比

3.6　本 章 小 结

　　针对口罩遮挡给人脸识别应用带来的极大不便，本章设计了一种实时遮挡人脸识别框架。首先，设计了特征相似度估计的轻量化识别模型用于检测人脸的口罩规范佩戴情况；提出了潜在特征增强的柔性边界识别模型实现高精度遮挡人脸识别。其次，提出了一种云-边-端协同推理的工作机制，在不同算力的设备上进行模型部署，合理利用边缘服务器和云服务器上的计算资源，对模型进行动态自适应分区决策，同时结合早期退出机制，在满足任务计算精度的同时进一步减少计算时延。仿真实验表明，本章设计的架构和算法在保障识别精度的同时显著提高了推理速度。

参 考 文 献

[1] Ahonen T, Hadid A, Pietikäinen M. Face description with local binary patterns: Application to face recognition[J]. IEEE Transactions on Pattern Analysis and Machine Intelligence, 2006, 28(12): 2037-2041.

[2] Song L X, Gong D H, Li Z F, et al. Occlusion robust face recognition based on mask learning with pairwise differential Siamese network[C]//Proceedings of the IEEE/CVF International Conference on Computer Vision, Seoul, 2019: 773-782.

[3] Hao S Z, Chen C F, Chen Z F, et al. A unified framework for masked and mask-free face recognition via feature rectification[C]//2022 IEEE International Conference on Image Processing (ICIP),Bordeaux, 2022: 726-730.

[4] He M J, Zhang J, Shan S G, et al. Locality-aware channel-wise dropout for occluded face recognition[J]. IEEE Transactions on Image Processing, 2021, 31: 788-798.

[5] Schroff F, Kalenichenko D, Philbin J. FaceNet: A unified embedding for face recognition and clustering[C]//Proceedings of the IEEE Conference on Computer Vision and Pattern Recognition, Boston, 2015: 815-823.

[6] Teerapittayanon S, McDanel B, Kung H T. BranchyNet: Fast inference via early exiting from deep neural networks[C]//2016 23rd International Conference on Pattern Recognition（ICPR）,Cancun, 2016: 2464-2469.

[7] Cabani A, Hammoudi K, Benhabiles H, et al. MaskedFace-Net-A dataset of correctly/incorrectly masked face images in the context of COVID-19[J]. Smart Health, 2021, 19: 100144.

[8] Anwar A, Raychowdhury A. Masked face recognition for secure authentication[EB/OL].（2007-09-11）[2008-04-02]. https:// arxiv. org/abs/2008. 11104v1.

[9] Ren S Q, He K M, Girshick R, et al. Faster R-CNN: Towards real-time object detection with region proposal networks[J]. IEEE Transactions on Pattern Analysis & Machine Intelligence, 2017, 39(6): 1137-1149.

[10] Liu W, Anguelov D, Erhan D, et al. SSD: Single shot multibox detector[C]//Computer Vision-ECCV 2016: 14th European Conference, Amsterdam, 2016: 21-37.

[11] Cai Z W, Vasconcelos N. Cascade R-CNN: Delving into high quality object detection[C]//Proceedings of the IEEE Conference on Computer Vision and Pattern Recognition, Salt Lake City, 2018: 6154-6162.

[12] Lin T Y, Goyal P, Girshick R, et al. Focal loss for dense object detection[C]//Proceedings of the IEEE International Conference on Computer Vision, Venice, 2017: 2999-3007.

[13] Zhu X K, Lyu S C, Wang X, et al. TPH-YOLOv5: Improved YOLOv5 based on transformer prediction head for object detection on drone-captured scenarios[C]//Proceedings of the IEEE/CVF International Conference on Computer Vision, Montreal, 2021: 2778-2788.

[14] Li C, Li L, Jiang H, et al. YOLOv6: A single-stage object detection framework for industrial applications[EB/OL].（2022-09-07）[2024-05-01]. https://arxiv. org/abs/2209. 02976

[15] Wang C Y, Bochkovskiy A, Liao H M. YOLOv7: Trainable bag-of-freebies sets new state-of-the-art for real-time object detectors[EB/OL].（2022-07-06）[2024-05-01]. https://arxiv. org/abs/2207. 02696v1.

[16] Zhang K P, Zhang Z P, Li Z F, et al. Joint face detection and alignment using multitask cascaded convolutional networks[J]. IEEE Signal Processing Letters, 2016, 23（10）:1499-1503.

[17] Zeng L K, Li E, Zhou Z, et al. Boomerang: On-demand cooperative deep neural network inference for edge intelligence on the industrial Internet of Things[J]. IEEE Network, 2019, 33（5）: 96-103.

[18] Deng J K, Guo J, Xue N N, et al. ArcFace: Additive angular margin loss for deep face recognition[C]//Proceedings of the IEEE/CVF Conference on Computer Vision and Pattern Recognition,Long Beach, 2019: 4690-4699.

[19] Neto P C, Boutros F, Pinto J R, et al. FocusFace: Multi-task contrastive learning for masked face recognition[C]//2021 16th IEEE International Conference on Automatic Face and Gesture Recognition（FG 2021）, Jodhpur, 2021: 1-8.

第4章 资源高效的多模态联邦计算技术

AIoT 设备资源存在高度异构性，严重影响联邦学习的训练时间和精度。已有研究未充分考虑 AIoT 设备存储的多模态数据的异构性，且缺乏异构 AIoT 设备间协同计算机制的设计。本章提出资源高效的多模态联邦计算方法，设计云-边-端分层混合聚合机制，考虑边缘服务器的差异化参数聚合频率，提出自适应异步加权聚合方法，提高模型参数聚合效率；提出资源重均衡的客户端选择方法，考虑模型精度与多模态数据分布特征动态选取客户端，缓解多模态数据对联邦计算性能的影响；设计自组织多模态联邦计算机制，充分利用空闲 AIoT 设备资源加速联邦学习训练进程。

4.1 多模态联邦计算研究现状及主要挑战

4.1.1 多模态联邦计算研究现状

随着科技的不断发展，AIoT 设备数量正在呈爆炸式增长，如智能手表、智能音箱、虚拟现实(virtual reality，VR)眼镜等。海量多样的感知设备持续生成物理世界的多模态异构数据。AIoT 多模态数据通常涉及多种不同的数据格式和结构，这使得处理和分析这些数据变得复杂。将深度学习嵌入 AIoT 环境，分析和处理海量的复杂多模态数据从而推导出有价值的信息，可为用户提供智能化、个性化的 AIoT 应用服务。然而，传统的将数据上传到云中心进行分析处理的方式存在严重的隐私泄露问题。为此，谷歌公司提出了联邦学习架构[1]，客户端利用本地的数据与计算资源训练本地模型，随后发送给参数服务器进行聚合获得全局模型，进行多轮训练直至模型收敛，在保障用户数据隐私的基础上，实现共同建模，提升总体模型的质量。联邦学习可以应用在 AIoT 场景下，使用不同模态的数据进行联合建模，但联邦学习要达到高精度，需要大量计算和通信资源。这些资源可以由海量的 AIoT 设备提供，但 AIoT 设备的数据异构、系统异构和资源受限对现有联邦学习方法提出了挑战。

云服务器和终端设备之间的长通信链路易导致模型聚合的长时延、低效率。为了缓解云服务器参数聚合压力、提高模型聚合效率，研究人员引入了边缘参数聚合的云-边-端三层联邦学习架构[2]。AIoT 设备资源具有高度异构性，主要体现在设备能力和数据分布两方面。一方面，AIoT 设备的通信和计算能力存在差异，导致训练慢的客户端会影响模型参数聚合效率[3]。另一方面，AIoT 设备采集频率、功能类别的差异，使设备间的多模态数据规模、分布具有较强的异构性，导致本地模型局部梯度下降方向趋向于局部最优而偏离全局最优，进而影响全局模型训练效果和收敛速度。已有研究提出通过客户端选取方法来有效缓解资源异构问题[4,5]。部分具有优质数据但资源受限的 AIoT 设备缺乏部署计算密集型模型的能力，使其无法参与联邦学习过程，导致全局模型的精度受限。并且，在联邦学习轮次训练过程中，具有较强计算能力的终端设备若未被选中参与训练，则设备资源将处于闲置状态，极大地浪费了 AIoT 设备的计算资源。

国内外研究人员针对异构多模态 AIoT 中的联邦学习效率问题提出了多种解决方案，已有研究内容主要是通过分层联邦学习、异构联邦学习、协同联邦训练等方法来实现联邦计算。

1. 分层联邦学习

在分层联邦学习方面，联邦学习作为保护数据隐私的分布式机器学习技术之一，在 AIoT 中广泛应用于异常检测、图像识别等任务的联合建模，实现数据价值的流动。现有的工作大多数都基于云服务器的双层架构[6,7]，AIoT 设备与云服务器之间的长通信链路易导致模型聚合低效率。已有研究为了缓解云服务器参数聚合压力、提高模型聚合效率，设计了边云协同分层聚合机制。文献[2]首次提出了融合云服务器与边缘服务器的分层聚合机制，在云服务器进行同步聚合前，各边缘服务器组织客户端先进行域内多轮同步聚合，以减少通信总轮次，极大地降低了模型训练过程的通信开销。文献[8]将部分模型聚合任务下沉至边缘服务器，并提出了计算与通信资源调度算法，实现全局成本最小化。上述研究使用云-边-端三层联邦学习架构，相较于基于云服务器的双层架构能有效提高参数聚合的通信效率。然而，异构 AIoT 下参与联邦学习的终端设备资源存在较大的差异，边缘服务器完成域内模型聚合的时间分布区别较大，导致采用同步聚合机制的云服务器模型聚合时延过长，严重影响模型训练的效率。

2. 异构联邦学习

在异构联邦学习方面，资源异构对联邦学习的影响主要包括数据异构和设备异构两个方面。在数据异构方面，文献[9]证明模型训练中的权值差异由客户端上的类分布与总体分布之间的"搬土"距离(earth mover's distance，EMD)决定，提出了可有效缓解数据异构的数据共享策略，通过在客户端之间共享服务器侧创建的全局分布数据子集，来降低 EMD 并提高全局模型精度。然而，在实际应用场景中，具有全局分布的数据难以获取，并且客户端之间的数据分享会带来隐私泄露问题。文献[10]引入了控制变量对局部梯度更新方向进行修正，克服了数据异构带来的收敛较慢且不稳定的问题，并从理论上证明了修正后的梯度接近于真实梯度，但需要客户端持续参加联邦学习从而更新局部控制变量，否则控制变量失效会影响算法精度。在设备异构方面，文献[6]设计了面向异构移动设备的可伸缩联邦学习架构，参数服务器随机选取参与训练的异构客户端集合，每轮聚合中优先收集上传较快的客户端发送的模型参数，达到既定数量要求后即完成本轮训练。然而，上传较慢但拥有优质数据的客户端的模型参数对全局模型精度有较大的作用，直接抛弃会使全局模型精度受损。文献[4]提出分布式客户端选择(distributed client selection，DCS)协议，服务器根据提前收集的客户端设备资源信息，估计其更新和上传所需的时间，并采用背包约束的贪婪算法对时间成本函数进行求解，选出参与联邦学习的客户端集合。以上研究仅面向数据或设备异构问题，未考虑二者并存时的联邦学习问题。

3. 协同联邦训练

在协同联邦训练方面，受设备的计算能力限制，如智能手持终端等 AIoT 设备仅支持低复杂度的计算任务，不具备训练复杂联邦学习模型的能力，然而，该类设备通常与用户紧耦合，采集了用户健康状况等高质量数据，该类设备参与联邦学习过程可极大地提高模型的精度[11]。针对该问题，现有解决方法主要分为两种，一种是降低模型复杂度，文献[12]通过模型稀疏化使联邦学习模型可部署在资源受限的设备上，但结构化稀疏会导致较大的精度损失，非结构化稀疏则需要较高的硬件成本。另一种是协同训练，文献[13]将联邦学习任务在设备和云服务器上进行分割部署，构建云-端协同的联邦学习架构。文献[14]提出了自适应联邦学习任务卸载方法，边缘服务器依据客户端的资源能力自主决策协作客户端模型计算的分割层数，缓解了"掉队者"问题和客户端计算压力。上述方法仅可将模型计算任务卸载至云服务器或边缘服务器，当卸载设备数量众多时将极大地增加服务器的计算负载[15]。并且，上述方法未充分利用具有一定算力的 AIoT 设备的计算资源，导致较大的计算资源浪费问题。组织空闲 AIoT 设备进行协同训练，可降低联邦学习训练时延和缓解客户端计算压力，同时提高设备资源利用率。然而，目前尚缺乏利用空闲 AIoT 设备的自组织联邦协同训练研究成果。

4.1.2 多模态联邦计算主要挑战

在异构多模态 AIoT 场景下进行联邦学习，需要保证多模态联邦学习模型的质量和训练时间，通过将资源受限 AIoT 设备的联邦学习任务卸载到边缘设备或附近的边缘服务器，可以有效地提高联邦学习效率。随着异构 AIoT 应用进一步深入，异构 AIoT 业务场景对联邦学习研究也提出了更高的要求，主要有以下三方面的挑战。

1. 分层联邦学习的跨层资源协同问题

已有研究为了缓解云服务器参数聚合压力、提高模型聚合效率，设计了边云协同分层聚合机制。云服务器与边缘服务器的分层聚合机制在云服务器进行同步聚合前，各边缘服务器组织客户端先进行域内多轮同步聚合，以减少通信总轮次，极大地降低了模型训练过程的通信开销。但三层联邦学习架构中，云层和边缘层均采用同步聚合机制，AIoT 中不同边缘区域的计算资源存在较大差异，同步聚合的模式影响全局模型参数聚合效率。因此，设计针对异构 AIoT 场景的联邦学习架构是联邦学习技术面临的首要挑战。

2. 多模态联邦学习的异构资源均衡问题

资源异构对联邦学习的影响主要包括数据异构和设备异构两个方面。AIoT 设备异构指：设备通信和计算能力存在差异，导致训练慢的客户端会影响模型参数聚合效率。数据异构指数据的规模、分布具有较强的异构性。客户端选择算法可以对参加联邦学习的设备进行选择，从而降低训练设备的异构性。但已有的客户端选择策略在异构 AIoT 环境下难以均衡设备异构和数据异构，导致模型偏置、训练效率低等问题。因此，设备异构和数据异构在客户端选择算法中如何权衡是联邦学习的重要挑战。

3. 联邦学习中多资源受限设备协同问题

受设备的计算能力限制，很多 AIoT 设备仅支持低复杂度的计算任务，不具备训练复杂联邦学习模型的能力。已有研究通过模型稀疏化使联邦学习模型可部署在资源受限的设备上，但结构化稀疏会导致较大的精度损失。非结构化稀疏则需要较高的硬件成本。然而，AIoT 中存在大量空闲的 AIoT 设备，具有一定的计算资源，有效组织该类设备参与联邦训练过程是提供更好的联邦学习性能和提高资源利用率的关键。

4.2　云-边-端协同多模态联邦计算架构

4.2.1　多模态联邦学习模型

如图 4.1 所示，本章的系统架构由云服务器、边缘服务器和海量异构 AIoT 设备组成。云服务器负责将边缘服务器上传的模型参数异步聚合为全局模型；边缘服务器管理覆盖区域内的异构 AIoT 设备，并负责异构 AIoT 设备模型参数的域内同步聚合；异构 AIoT 设备(如智能手环、智能手机、监控摄像头等)收集用户多模态数据(健康数据、位置数据、图像数据等)并将其存储在本地，用于本地训练。本章提出的分层协同联邦学习(hierarchical collaborative federated learning, HCFL)方法可以在保护数据隐私的同时，实现异构 AIoT 设备的数据共享。

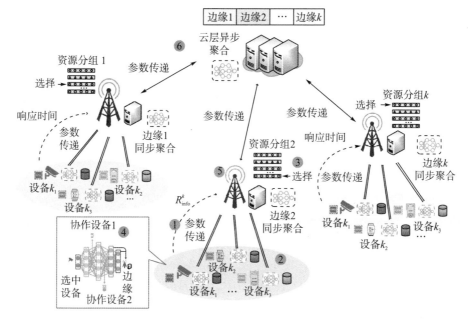

图 4.1　联邦学习系统架构图

云-边-端协同联邦学习过程设计如图 4.2 所示，学习过程详述如下。

1. 系统初始化

(1)边缘服务器采用 4.3 节所提的客户端群组划分算法，按照通信资源和计算资源对 AIoT 设备进行群组划分，将资源相近的设备划分为同一组。

(2)AIoT 设备采用 4.4 节所提的协作集合发现算法，向邻居设备广播组建协作集合的请求，自组织形成协作集合。

2. 训练阶段

(1)云服务器初始化模型参数并下发至边缘服务器。边缘服务器采用本章提出的客户端选择算法估计组间概率和组内概率，动态选取 AIoT 设备进行模型训练。

(2)本轮次参与模型训练的 AIoT 设备，利用近端策略优化(proximal policy optimization，PPO)算法[16]从本地协作集合中选取最优协作设备集合。在进行 E 次本地迭代后，将模型参数上传至边缘服务器。

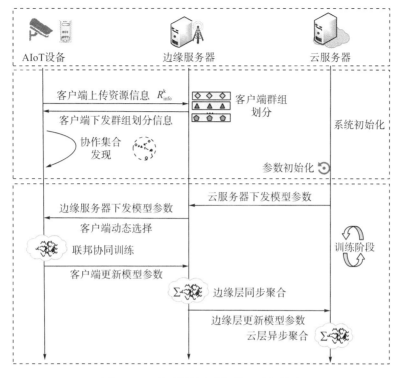

图 4.2 云-边-端协同联邦学习过程设计

(3) 边缘服务器接收到域内客户端上传的模型参数后，进行同步聚合，完成本轮次迭代训练任务。

(4) 重复步骤 (1) ～ (3) 的训练过程，每个边缘区域经过 M 轮迭代后，将边缘区域聚合的模型上传至云服务器。

(5) 云服务器接收到边缘区域模型参数后，异步聚合为全局模型，并测试全局模型精度，若达到预设精度阈值，则完成模型训练任务。否则，将本次训练的全局模型下发至边缘服务器，重复步骤 (1) ～ (5) 的训练过程。

4.2.2 分层混合聚合模型

由于边缘服务器管辖区域内的 AIoT 设备具有强异构性，若边、云均采用同步聚合机制，将严重影响全局模型参数聚合效率，导致面向资源异构的 AIoT 场景适用性较差。针对上述问题，本章提出面向边缘层的频率动态更新的异步聚合方法，以提高模型聚合效率。

1. 边缘层同步聚合

假定边缘服务器 e_k 管理边缘区域 k，边缘服务器采用 4.3 节提出的资源重均衡的客户端选择算法选择参与模型训练的 AIoT 设备。定义利用本地数据集 D_{k_i} 训练本地模型 w_{k_i} 的损失函数 $F_{k_i}(w_{k_i})$，如式 (4.1) 所示：

$$F_{k_i}(w_{k_i}) = \frac{1}{\left|D_{k_i}\right|} \sum_{j \in D_{k_i}} f_j(w_{k_i})$$

(4.1)

每个 AIoT 设备进行 E 次本地迭代后，将模型参数发送给边缘服务器进行区域同步聚合，聚合后的模型参数如下：

$$\widetilde{W}_e^m = \sum_{j=1}^n \frac{\left|D_{k_j}\right|}{\sum_{i=1}^n \left|D_{k_i}\right|} w_{k_j}^m$$

(4.2)

边缘区域进行 M 轮迭代后，再将区域聚合模型发送给云服务器进行异步聚合。

2. 云层异步聚合

由于各边缘区域的网络状况和下辖 AIoT 设备资源能力存在差异，边缘服务器完成区域 M 轮迭代的速度有差别，影响云层同步聚合效率。本章提出频率动态更新的异步聚合方法，由云层对各边缘的模型参数进行聚合，并更新全局模型参数。云服务器根据边缘更新频率，动态调整分配给每个边缘区域的权重，防止全局模型偏向部分频繁更新的边缘区域。

云服务器维护更新信息列表 $L = \{(N_{e_1}, \widetilde{W}_{e_1}), (N_{e_2}, \widetilde{W}_{e_2}), \cdots, (N_{e_k}, \widetilde{W}_{e_k})\}$，$N_{e_k}$ 表示边缘服务器 e_k 更新模型参数总次数，$\widetilde{W}_{e_k}$ 表示边缘区域 e_k 更新模型参数。当云服务器接收到边缘服务器 e_k 发送的区域模型参数后，将更新列表中该边缘的模型参数 $\widetilde{W}_{e_k}$，并将更新次数 N_{e_k} 改为 $N_{e_k}+1$。根据各边缘的更新次数，将二元组递增排序得到 $L' = \{(N_{e_2}, \widetilde{W}_{e_2}), (N_{e_k}, \widetilde{W}_{e_k}), \cdots, (N_{e_3}, \widetilde{W}_{e_3}), (N_{e_1}, \widetilde{W}_{e_1})\}$。全局模型的更新公式如下：

$$\widetilde{W}^{\mathrm{T}} = \sum_{j=1}^K \frac{L_N'[K+1-\mathrm{index}(e_j)]}{\sum_{i=1}^K L_N'[i]} L_W'[e_j]$$

(4.3)

式中，$\sum_{i=1}^K L_N'[i]$ 代表所有边缘更新次数之和；$L_W'[e_j]$ 代表边缘服务器 e_j 的模型参数；$\mathrm{index}(e_j)$ 代表边缘服务器 e_j 二元组在排序列表 L' 中的索引。为了提升全局模型的泛化能力，避免全局模型偏向更新速度快的边缘区域，$L_N'[K+1-\mathrm{index}(e_j)]$ 可以让更新较慢的边缘区域获得较大的权重。云服务器计算全局模型后发送给边缘服务器，由其继续组织域内的 AIoT 设备进行模型训练，直至全局模型达到预设的精度阈值。

4.3　资源重均衡的客户端选择

考虑到 AIoT 设备资源异构性对联邦学习的影响，本节提出资源重均衡的客户端选择算法。通过边缘服务器对区域内的 AIoT 设备按照资源进行分组管理，根据训练模型精度动态调节客户端分组的选择概率，根据组内客户端与所属组数据分布的差异动态调节组内客户端选择概率。

4.3.1　客户端群组划分

在系统初始化阶段，需对客户端群组进行划分，由边缘服务器向其管理区域的 AIoT 设备发起分组请求，AIoT 设备收到分组请求后需要对设备资源进行衡量，本章定义设备资源的能力与该设备参与联邦学习过程中每轮本地模型更新的计算时间以及上行链路通信时间有关，定义设备 k_i 本地迭代的计算时间为

$$T_{k_i}^{\mathrm{cmp}} = \frac{c_{k_i} D_{k_i} E}{f_{k_i}} \tag{4.4}$$

式中，c_{k_i} 为单个样本计算所需的 CPU 周期数；D_{k_i} 为一次本地迭代的数据量；E 为本地迭代次数；f_{k_i} 为设备 k_i 的 CPU 频率。AIoT 设备 k_i 的传输速率表示为

$$r_k = B \ln\left(1 + \frac{\rho_{k_i} h_{k_i}}{N_0}\right) \tag{4.5}$$

式中，B 为传输带宽；ρ_{k_i} 为 AIoT 设备 k_i 的传输功率；h_{k_i} 为 AIoT 设备 k_i 和边缘服务器之间的信道增益；N_0 为信道噪声功率。本地模型的数据量大小是 σ 比特，在联邦学习中各个客户端模型参数大小一致，数据量为 σ 的本地模型的传输时间表示为

$$T_k^{\mathrm{com}} = \frac{\sigma}{B \ln(1 + \rho_{k_i} h_{k_i} / N_0)} \tag{4.6}$$

因此，AIoT 设备的资源能力定义为联邦学习响应时间，如式(4.7)所示：

$$R_{\mathrm{info}}^k = T_k^{\mathrm{cmp}} + T_k^{\mathrm{com}} \tag{4.7}$$

AIoT 设备计算出联邦学习响应时间 R_{info}^k 后，将其上传至边缘服务器。边缘服务器收集所有客户端的响应时间后，首先将客户端均匀划分为 G 组，表示为 $\{h_1, h_2, \cdots, h_G\}$，随后每个 AIoT 设备的响应时延与所属组别由边缘服务器记录，并将客户端所属的组别信息分发给每个客户端，用于后续客户端动态选择和自组织模型协同训练。

4.3.2　客户端动态选择

为了动态平衡训练时间和精度，需先对参与联邦学习的群组进行挑选，再对组内客户端进行选择。群组的挑选是根据全局模型在每组的测试效果进行动态挑选，频繁选取高资源组易导致模型偏向高资源组，使模型在低资源组表现差，模型的泛化能力变弱，进而引起全局模型精度下降。组内客户端的选择是由客户端数据分布与所属组全局分布的差异决定的。每轮训练选取的组内客户端的数据分布差异越小，则联邦学习权重差异越小，同时，权重差异越大则模型精度越低[9]。边缘服务器通过相等的选择概率初始化组间概率和组内概率，下发模型训练并更新全局模型后，每个客户端将会使用本地数据评估全局模型，从而得到本地测试精度 $A_{k_i}^m$，并与下一轮训练数据的分布 p^{k_i} 共同上传至边缘服务器。边缘服务器计算出任意分组 h_j 的平均精度 $A_{h_j}^m$，如式(4.8)所示：

$$A_{h_j}^m = \frac{1}{n} \sum_{k_i=1}^{n} A_{k_i}^m, \quad k_i \in h_j \tag{4.8}$$

式中，k_i 为分组 h_j 的第 k_i 个客户端；n 为分组 h_j 中客户端的数量。分组的平均精度越低表示其对全局模型的贡献程度越低，为了提升全局模型泛化能力、避免模型偏置，应提高分组被选中的概率。组间选择概率计算如下：

$$P_{h_j}^{m+1} = \frac{1}{A_{h_j}^m} / \sum_{i=1}^{G} \frac{1}{A_{h_i}^m} \tag{4.9}$$

通过组间选择概率挑选出本轮参与训练的分组，组内客户端的挑选考虑客户端数据分布与所属组的分布差异，差异越小，说明该客户端数据越具有代表性，应该被赋予更高的选择概率。组内选择概率计算如式(4.10)所示，其中，KL(•)为相对熵，$\mathrm{KL}(p^{(h_j)} \| p^{k_i})$ 为分组 h_j 内客户端数据的整体概率分布 $p^{(h_j)}$ 与客户端 k_i 的数据的概率分布 p^{k_i} 的相对熵。

$$P_{k_j}^{m+1} = \frac{1}{\mathrm{KL}(p^{(h_j)} \| p^{k_j})} / \sum_{k_i=1}^{n} \frac{1}{\mathrm{KL}(p^{(h_j)} \| p^{k_i})}, \quad k_j \in h_j \tag{4.10}$$

4.4　自组织多模态联邦计算

通过上述方法对边缘服务器覆盖区域的异构设备按照资源进行分组管理与客户端挑选，可以减轻 AIoT 设备资源异构对联邦学习的影响，然而，未被选中的大量客户端的闲置将使设备资源利用率较低，并影响联邦学习的训练效率。针对该问题，本节设计自组织的联邦协同训练算法，高效利用选中的客户端附近的闲置终端资源，最小化联邦学习任务训练时间，提高联邦学习效率。

4.4.1　协作集合发现

在边缘服务器完成资源分组后，设备通过所属组等级关系，寻找附近计算能力强的协作设备，并自组织形成协作集合。AIoT 设备 k_i 初始化协作集合为 $S_{k_i} = \{e_j, \mathrm{Cd}_{k_i}\}$，其中，$e_j$ 为 AIoT 设备 k_i 所属的第 j 个边缘服务器，Cd_{k_i} 为本地协作设备，即在 AIoT 设备 k_i 本地处理。首先，AIoT 设备向附近设备广播组建协作群组请求，AIoT 设备的通信半径为 r，请求数据包中包含请求设备的标识和设备的组别 h_g。AIoT 设备 k_i 可能同时收到多个设备发出的协作请求，假设协作请求集合为 Req_k，考虑到 AIoT 设备并行能力受限，无法同时协作多个设备的计算，所以在多个协作请求中只能选择一个设备加入其协作集合。为了保证协作对象的唯一性，定义协作设备的选取条件如下：

$$\mathrm{Acp}_k = \begin{cases} h_k > h_i \\ \arg\min(d_{ki}) \end{cases}, \quad i \in \mathrm{Req}_k \tag{4.11}$$

式中，$h_k > h_i$ 表示协作设备所属组等级要比请求协作设备所属组高，因为组级高的设备具有更强的处理能力，将计算交付给高组级的设备是以较短的传输时间换取较短的整体训练时间；$\arg\min(d_{ki})$ 表明选择距离最近的设备，减少传输时延。选择出唯一的协作设备 Acp_k，并向其发出构建协助群组请求消息，消息数据包中还包含请求设备的标识和请求设备所属组别，被请求设备收到请求消息后，向请求设备发出构建协助群组确认的消息（包含被请求设备的标识等信息）。随后，请求设备将被请求设备信息存储在协作集合 S_{k_i} 中。具体过程如图 4.3 所示。

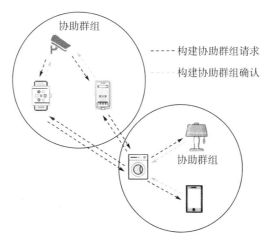

图 4.3　协作集合发现流程

4.4.2　协同训练任务建模

通过协作设备发现模块，每个 AIoT 设备都维护自己的协作设备集合 $S_{k_i} = \{Cd_{self}, Cd_1, Cd_2, \cdots, Cd_i\}$，集合 S_{k_i} 中记录了本地设备与可协作设备。为了搜寻最优联邦学习任务协作策略，将联邦学习任务协作训练问题转换为有向无环图 $G = (V, L)$，其中，无环图水平方向代表联邦学习子任务，即联邦学习模型 $\theta = \{l_1, l_2, \cdots, l_n\}$ 中的某层 $l_i, i = 1, 2, \cdots, n$。垂直方向代表本地协作集合 S_{k_i} 中的设备。顶点 $v_{i(n-1)} \in V$ 代表联邦学习任务的第 $n-1$ 层分配给设备 Cd_i，边 $l_{ij(n-1)} \in L$ 代表联邦学习任务的第 $n-1$ 层分配给设备 Cd_i，而且第 n 层分给设备 Cd_j。为了保障用户数据的隐私，设计子任务 0 代表数据特征提取层，子任务 0 必须在本地设备 Cd_{self} 上执行，也就是无环图起点必须为 $v_{self\,0}$。模型协作训练流程如图 4.4 所示。

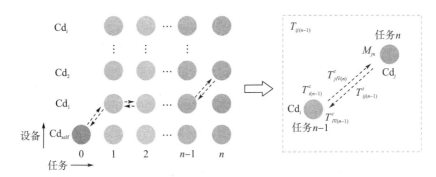

图 4.4　模型协作训练流程

本章以最小化协同联邦计算的时间为目标来选取最佳协作设备。如果选择边 $l_{ij(n-1)}$，即选择设备 Cd_j 执行联邦学习模型的 l_n 层，则相应的推断时延 $T_{ij(n-1)}$ 表示为

$$T_{ij(n-1)} = \begin{cases} T_{i(n-1)}^c + T_{i\nabla(n-1)}^c + T_{ij(n-1)}^t + T_{ji\nabla(n)}^t, & i \neq j \\ T_{i(n-1)}^c + T_{i\nabla(n-1)}^c, & i = j \end{cases} \tag{4.12}$$

式中，$T_{i(n-1)}^c$ 为设备 Cd_i 执行联邦学习子任务 $n-1$ 的正向传播时延；$T_{i\nabla(n-1)}^c$ 为设备 Cd_i 执行联邦学习子任务 $n-1$ 的反向传播时延；$T_{ij(n-1)}^t$ 为正向传播第 $n-1$ 层输出结果从设备 Cd_i 到设备 Cd_j 的时延；$T_{ji\nabla(n)}^t$ 为反向传播第 n 层输出结果从设备 Cd_j 到设备 Cd_i 的时延。如果 $i = j$，则没有正向传播时延 $T_{ij(n-1)}^t$ 和反向传播时延 $T_{ji\nabla(n)}^t$，即 $T_{ij(n-1)}^t = 0$，$T_{ji\nabla(n)}^t = 0$。M_{jn} 表示设备 Cd_j 执行联邦学习子任务 n 需要的内存消耗。由此，联邦学习协作训练问题可以转化为从第一层到最后一层 n 的

最优路径选择问题，问题建模为

$$\min \sum_{i,j \in S_k} \sum_{k=0}^{n} l_{ijk} T_{ijk}$$

$$\text{s.t. } C_1: \sum_{i \in S_k} l_{ij(k-1)} = \sum_{h \in S_k} l_{jhk}, \quad 0 \leqslant k \leqslant n, \forall j \in S_k$$

$$C_2: \sum_{k=0}^{n} l_{ijk} M_{ik} \leqslant B_i, \quad 0 \leqslant k \leqslant n, \forall i \in S_k \tag{4.13}$$

$$C_3: \sum_{j \in S_k} l_{ijk} = 1, \quad 0 \leqslant k \leqslant n, \forall i \in S_k$$

$$C_4: \sum_{j \in S_k} l_{ij0}, \quad i = \text{Cd}_{\text{self}}$$

$$C_5: l_{ijk} \in \{0,1\}$$

式中，C_1 表示如果联邦学习子任务 k 划分给设备 Cd_j，任务 $k+1$ 的数据输入必须源自设备 Cd_j；C_2 表示每个设备上分配的子任务内存之和需要满足该设备的内存限制 B_i；C_3 确保每一个子任务仅由一个设备执行；C_4 确保特征提取层由本地设备执行；C_5 表示设备被选中或者未被选中的两种状态。

4.4.3　联邦协同训练

联邦学习协同训练任务的优化问题可抽象为广义分配问题 (generalized assignment problem，GAP)，广义分配问题为 NP-hard 问题，考虑到设备的异构性和网络的动态变化，使用枚举法、遗传算法很难完成联邦学习协作任务的实时分配，因此，采用 PPO 算法对该问题进行求解，其使用策略网络来生成显式动作的输出，避免了使用深度 Q 网络需要评估所有可能的动作来确定最佳动作的弊端，提高了搜索效率。

强化学习由设备侧完成，状态 s_t、动作 a_t 和奖励 r_t 定义如下。

状态 s_t：在每个时刻 t，状态 s_t 包含 7 个部分，L_t 代表当前层正向传播计算需要的 CPU 周期总数；$L_{\nabla t}$ 代表当前层反向传播计算需要的 CPU 周期总数；I_t 代表当前层正向传播输出的数据大小；$I_{\nabla t}$ 代表当前层反向传播输出的数据大小；$R_t = \{r_{\text{Cd}_{\text{self}},t}, r_{\text{Cd}_1,t}, r_{\text{Cd}_2,t}, \cdots, r_{\text{Cd}_i,t}\}$ 代表当前网络状态每个 AIoT 设备的通信速率；$F_t = \{f_{\text{Cd}_{\text{self}},t}, f_{\text{Cd}_1,t}, f_{\text{Cd}_2,t}, \cdots, f_{\text{Cd}_i,t}\}$ 表示每个 AIoT 设备的 CPU 计算频率；a_{t-1} 为上一时刻执行的动作，即执行前一个任务的 AIoT 设备。由此定义 $s_t = (L_t, L_{\nabla t}, I_t, I_{\nabla t}, R_t, F_t, a_{t-1})$。

动作 a_t：表示从协作集合的空闲设备中选择一个设备用于执行当前子任务。

奖励 r_t：在 t 时刻，智能体在执行设备选择任务时，在状态 s_t 做出动作 a_t 的奖励定义为

$$r_t(s_t, a_t) = \begin{cases} -\left(\dfrac{L_{(t-1)}}{f_{a_{t-1}}} + \dfrac{L_{\nabla(t-1)}}{f_{a_{t-1}}} \right), & a_t = a_{t-1} \\[4mm] -\left(\dfrac{L_{(t-1)}}{f_{a_{t-1}}} + \dfrac{L_{\nabla(t-1)}}{f_{a_{t-1}}} + \dfrac{I_{(t-1)}}{r_{a_{t-1}}} + \dfrac{I_{\nabla t}}{r_{a_t}} \right), & a_t \neq a_{t-1} \end{cases} \tag{4.14}$$

本章的目标是使联邦学习训练的时间最短，所以将奖励设置为负值，并且假设设备计算频率和通信速率可以在不同的联邦学习回合之间发生变化，同一回合设备计算频率和通信速率保持不变[14]。$L_{(t-1)}/f_{a_{t-1}}$ 为正向传播设备 a_{t-1} 的计算时间消耗，$L_{\nabla(t-1)}/f_{a_{t-1}}$ 为反向传播设备 a_{t-1} 的计算时间消耗，$I_{(t-1)}/r_{a_{t-1}}$ 为正向传播设备 a_{t-1} 的通信时间消耗，$I_{\nabla t}/r_{a_t}$ 为正向传播设备 a_t 的通信时间消耗。当上一时刻选中的设备 a_{t-1} 和当前时刻选中的设备 a_t 相同时，则无传输消耗，仅有计算消耗。

当 AIoT 设备被边缘服务器选中进行联邦学习建模时，可采用上述自组织联邦协同训练算法，在协作设备集合的空闲设备中搜索近似最优协作策略，进而将联邦学习任务分配至协作集合中的 AIoT 设备。当协作计算的 AIoT 设备执行完分配的计算任务后，将产生的输出数据传输给执行下一层任务的设备，直到完成联邦学习任务的训练。当联邦学习训练轮次增多时，AIoT 设备通过不断与环境进行交互找到最优方案，实时智能调整协作推断策略。由此，AIoT 设备间协同训练不仅能够解决资源受限的 AIoT 设备无法部署联邦学习任务的问题，还能提高 AIoT 设备的资源利用率。

4.5　多模态联邦计算性能验证

4.5.1　仿真环境设置

1. 基准算法

为了获得全面的性能评估，针对本章所提的三个方法，分别采用不同的基准算法进行对比。

云-边-端分层混合模型聚合：选择三个基准方法进行性能评估。FedAvg[1]是谷歌提出的双层客户-服务器架构。EdgeFAVG 为单边缘联邦学习架构。HierFAVG[2]为云-边-端三层联邦学习架构。HierFAVG 在云层和边缘层都使用同步聚合机制。

资源分组的客户端选择：选择两种基准算法进行对比。FedAvg 是改进的同步算法，其客户端选择为随机策略，每个轮次随机选择固定数量的边缘节点并聚合成本地模型。基于分组的联邦学习 (tier-based federated learning，TiFL) 算法[5]

根据设备训练时间进行分层，通过全局模型精度反馈调节层的选择概率。

自组织多模态联邦训练：由于目前尚未有相关研究，为了验证本章所提的联邦学习协同训练算法的有效性，设计了三种基准算法进行对比。第一种基准算法不进行协同训练，仅在本地设备上执行联邦学习任务，即设备本地执行(device execute，DE)算法。第二种基准算法随机选择协作集合中的设备进行联邦学习任务协作训练，即随机选取设备执行(random execute，RE)算法。第三种基准算法是选择协作集合中计算能力最强的设备进行联邦学习任务的协同训练，即选取最大能力设备执行(max execute，ME)算法。

本章采用模型准确率、训练时间和 AIoT 设备利用率这三个指标对所提出的算法进行评估，其中模型准确率是指数据集中所有样本中正确分类样本的比例，在每轮会在服务器端对全局模型进行测试；训练时间表示在训练终止之前花费的时间，用于评估联邦学习训练速度；AIoT 设备利用率指参与联邦学习的 AIoT 设备数量占 AIoT 设备总数的比例。

2. 模型和数据集

本章采用 FedML 框架[17]的标准卷积神经网络，它由两个 3×3 卷积层和两个全连接层组成，该模型根据两个真实数据集 MNIST[18]和 Fashion MNIST[19]来评估所提算法的有效性，MNIST 数据集是广泛使用的手写数字识别数据集，此数据集共有 70000 条数据。其中，60000 条数据用于训练，10000 条数据用于测试。数据中有 10 个数字，为数字 0~9，分辨率为 28×28。Fashion MNIST 为服装类型的识别数据集，数据集中有 10 类服装(例如，T 恤、衬衫、连衣裙等)，总共包含 70000 张灰度图像，包括 60000 个示例的训练集和 10000 个示例的测试集。

本章使用 FedML 提供标准开源联邦学习架构进行仿真，服务器为 Ubuntu 16.04 系统，处理器为 AMD 4750G PRO，3.60GHz，64GB 内存，客户端为树莓派 3$^+$、树莓派 4、Jetson TX2。服务器与客户端之间采用消息队列遥测传输(message queuing telemetry transport，MQTT)协议进行参数交换。基线算法超参数中训练批次设置为 10，本地更新轮次设置为 5，随机梯度下降(stochastic gradient descent，SGD)更新的学习率为 0.03。

3. 资源异构设置

本章针对数据异构和设备异构进行了设置，数据异构设置参考文献[20]，MNIST 和 Fashion MNIST 包含 10 个类别的训练数据，设置 $R = (R_1, R_2, \cdots, R_{10})$ 表示不同类的客户端比例。例如，当 $R_{10} = 1$ 和 $R_1, R_2, \cdots, R_9 = 0$ 时，客户端具有所有类的数据，从而表示独立同分布。但是，当 $R_1 = 1$ 和 $R_2, R_3, \cdots, R_{10} = 0$ 时，全部客户端只有一个类的数据。设置 R 遵循截断的正态分布，$\mathbb{R}$ 为实数集，$\mu,\sigma,a,b\in\mathbb{R}$ 并且 $a\leqslant\mu\leqslant b$，$a\leqslant x\leqslant b$ 的截断正态分布的累积分布函数如下：

$$F(x,\mu,\sigma,a,b)=\frac{\Phi\left(\dfrac{x-\mu}{\sigma}\right)-\Phi\left(\dfrac{a-\mu}{\sigma}\right)}{\Phi\left(\dfrac{b-\mu}{\sigma}\right)-\Phi\left(\dfrac{a-\mu}{\sigma}\right)} \tag{4.15}$$

设置 $a=0.5$，$b=10.5$，可得到在不同的 μ、σ 情况下，不同类的客户端比例 $R_l(l=1,2,\cdots,10)$，设置为

$$R_l=F(l+0.5)-F(l-0.5) \tag{4.16}$$

当 $\mu=4$，$\sigma=0.7$ 和 $\mu=2$，$\sigma=0.7$ 时，截断正态分布图如图 4.5 所示，设备异构设置参考文献[20]，使用 CPU 的个数描述设备异构程度，其个数服从正态分布，方差越大，异构程度越大。

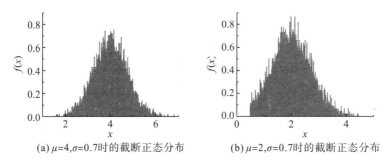

(a) $\mu=4,\sigma=0.7$ 时的截断正态分布   (b) $\mu=2,\sigma=0.7$ 时的截断正态分布

图 4.5　客户端数据异构设置

4.5.2　仿真结果分析

1. 资源重均衡客户端选择

为了验证 HCFL 的资源重均衡客户端选择算法，设置 40 个客户端，选择 8 个客户端进行训练，本地轮次为 5，验证模型准确率与训练时间性能。

图 4.6 显示了 HCFL 与基线算法 FedAvg 和 TiFL 在 MNIST 数据集上，模型准确率和训练时间的性能对比。从图 4.6(a)到图 4.6(c)，客户端上类的均值 μ 变小，客户端间的数据异构性 σ 增大。在不同数据异构条件下，HCFL、TiFL、FedAvg 三者的训练时间均无较大变化，因为在相同轮次下数据异构对训练时间几乎没有影响，但是 HCFL 与 TiFL 的训练时间都比 FedAvg 短，HCFL 和 TiFL 都依据设备资源进行组别划分，减轻了参与训练的客户端之间的异质性。由图 4.6 可知，对于模型准确率，在独立同分布情况下，三种算法的性能相当，但随着客户端数据异构程度增大，各个算法的模型准确率都有一定程度的下滑，模型准确率曲线也出现较大的波动，验证了数据异构对联邦学习有较大

的影响。但是，本章提出的资源重均衡客户端选择算法，随着异构程度增大，模型准确率下滑和模型准确率曲线波动程度较基线算法 FedAvg 和 TiFL 舒缓。因为 TiFL 虽然通过准确率控制不同资源层选中的概率，但层内的客户端选择采取随机策略，忽略了客户端间数据分布的差异。HCFL 在同一资源组内根据客户端数据的统计特性进行更细粒度的挑选，所以模型准确率对数据异构程度敏感度较弱。

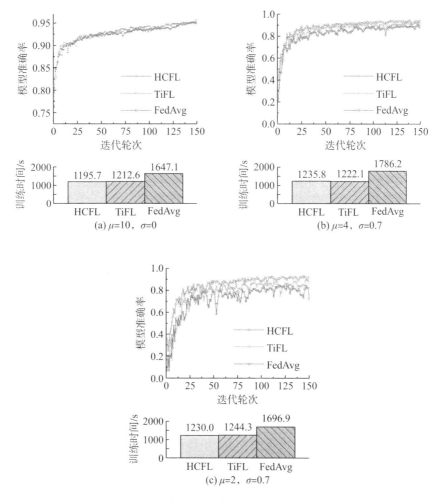

图 4.6　MNIST 数据集上模型准确率与训练时间对比

如图 4.7 所示，在 Fashion MNIST 数据集上，随着数据异构程度的增大，对联邦学习模型准确率的影响比 MNIST 更大，但是 HCFL 的模型准确率表现同样优于 FedAvg 和 TiFL 两种基线算法。

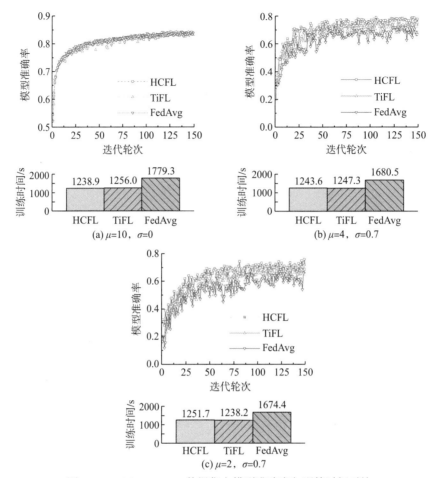

图 4.7 Fashion MNIST 数据集上模型准确率与训练时间对比

2. 自组织多模态联邦训练

本章首先验证 HCFL 自组织联邦协同训练算法中的协作集合发现方法，用 $100m \times 100m$ 的正方形区域模拟现实生活中的边缘区域，边缘区域中随机分布 200 个 AIoT 设备，通信距离设置为 10m，AIoT 设备的计算能力设定为服从正态分布。正态分布的方差代表边缘区域设备异构程度，方差越大则边缘区域 AIoT 设备计算能力差异越大。

图 4.8 显示了 AIoT 设备计算能力异构性对设备协作集合发现的影响。当 $\sigma_{dev} = 0.4$ 时，AIoT 设备彼此计算能力相近，形成的协作团体集合极少，因为此时协同计算带来的时间增益小于通信时间消耗，这种情况下进行协同训练并不能缩短联邦学习训练时间。随着边缘区域 AIoT 设备异构性增大，AIoT 设备自组织形成小的协作集合进行协同联邦训练，并且协作集合数量不断增多，如图 4.8 所示。

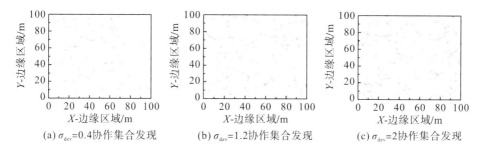

(a) σ_{dev}=0.4协作集合发现   (b) σ_{dev}=1.2协作集合发现   (c) σ_{dev}=2协作集合发现

图 4.8   不同设备异构情况下协作集合发现

图 4.9 给出了不同设备异构情况下边缘区域 AIoT 设备资源的利用率,当 AIoT 设备异构性增大时,边缘设备资源利用率不断提高,当 $\sigma_{dev}=0.8$ 时,设备平均资源利用率为 0.48,表明在异构 AIoT 环境下,自组织联邦协同训练算法能有效利用附近的 AIoT 设备资源,提高设备资源利用率。

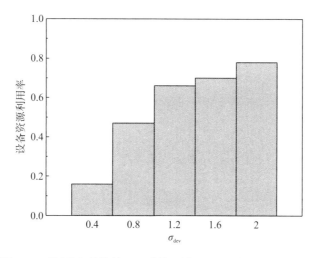

图 4.9   不同设备异构情况下边缘区域 AIoT 设备资源的利用率

图 4.10 中奖励代表了训练时间,如式(4.14)所述,奖励为负值,奖励越大,则训练时间越短。从图 4.10 可知,HCFL 与 ME、DE、RE 算法相比,联邦学习协同训练时延最短。由于强化学习需要与环境不断交互,从环境得到反馈来优化选择策略,所以在初始效果上,HCFL 的训练时延较其他三种协同策略长,然而,当系统运行稳定后,本章所提算法相比其他三者可极大降低训练时延。由于单个 AIoT 设备无法承受沉重的计算负担,因此,ME 训练时延基本优于 DE 训练时延,因为 ME 可以通过与最强设备协作训练降低时延,但是 ME 并非最优策略。RE 算法的效果最差,因为随机选择协同的设备在训练时延上性能有较大的波动。

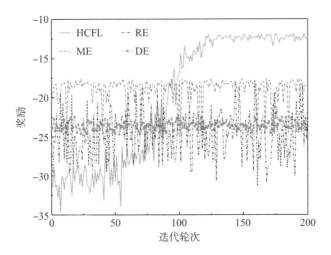

图 4.10 不同协作策略训练时间对比

综上所述，联邦学习可以通过设备间的协同训练，减轻单个 AIoT 设备的负担，降低训练时延，本章所提的协同策略能够有效权衡计算和通信开销，确定最佳拆分策略，利用空闲设备的计算能力，加速联邦学习任务。

3. 云-边-端分层混合聚合模型

本章在 MNIST 数据集上验证了本章所提的聚合机制的有效性，设置了 4 个边缘，每个边缘拥有 40 个客户端。边缘服务器选择客户端时采取随机选择策略，边缘服务器间的数据是独立同分布的，但边缘间管理的 AIoT 设备资源存在异构性。HierFAVG 的边缘与云均采用同步聚合方法，EdgeFAVG 仅设置单个边缘服务器进行训练。

如图 4.11 所示，单边缘 EdgeFAVG 在相同时间内的模型准确率最低，因此，需聚合更多的边缘，才能利用更多客户端的数据进行模型训练。对比 HierFAVG 方案，HCFL 混合聚合方案在相同时间内模型准确率较高，因为在异构场景下，采用云层同步聚合必须等待所有边缘的响应，而异步在相同时间内可以进行更多轮次的聚合，所以本章所提的分层聚合机制在异构环境下，联邦学习聚合效率更高。

4. 整体性能仿真

为了进一步验证本章提出方法的整体性能，下面在不同设备和数据异构情况下与基线 HierFAVG 分层联邦框架进行对比仿真，数据集为 MNIST 和 Fashion MNIST，设置边缘间的数据是独立同分布的，边缘内的数据分布设置与前述相同，4 个边缘各 40 个客户端，模型准确率和训练时间如表 4.1 和表 4.2 所示。

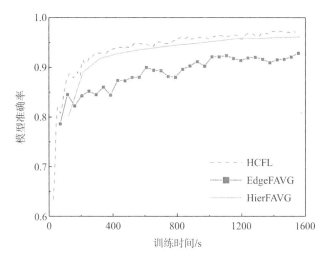

图 4.11 分层混合聚合机制性能对比

表 4.1 MNIST 数据集实验验证结果

异构程度	方法	模型准确率			训练时间/s		
		$\sigma_{dev} = 0.4$	$\sigma_{dev} = 1.2$	$\sigma_{dev} = 2$	$\sigma_{dev} = 0.4$	$\sigma_{dev} = 1.2$	$\sigma_{dev} = 2$
$\mu = 10$, $\sigma = 0$	HierFAVG	0.962	0.959	0.959	1146	1548	1955
	HCFL	0.959	0.961	0.962	984	1265	1339
$\mu = 4$, $\sigma = 0.7$	HierFAVG	0.887	0.876	0.891	1204	1616	1963
	HCFL	0.939	0.937	0.928	1058	1276	1385
$\mu = 2$, $\sigma = 0.7$	HierFAVG	0.843	0.832	0.825	1345	1698	2014
	HCFL	0.910	0.902	0.918	1167	1361	1473

表 4.2 Fashion MNIST 数据集实验验证结果

异构程度	方法	模型准确率			训练时间/s		
		$\sigma_{dev} = 0.4$	$\sigma_{dev} = 1.2$	$\sigma_{dev} = 2$	$\sigma_{dev} = 0.4$	$\sigma_{dev} = 1.2$	$\sigma_{dev} = 2$
$\mu = 10$, $\sigma = 0$	HierFAVG	0.814	0.816	0.813	1134	1575	1929
	HCFL	0.814	0.818	0.818	1002	1237	1364
$\mu = 4$, $\sigma = 0.7$	HierFAVG	0.678	0.711	0.709	1211	1587	1962
	HCFL	0.744	0.757	0.762	1092	1294	1371
$\mu = 2$, $\sigma = 0.7$	HierFAVG	0.623	0.649	0.636	1356	1668	1997
	HCFL	0.684	0.714	0.702	1178	1386	1450

由表 4.1 和表 4.2 可知，HCFL 在设备数据是独立同分布的情况下，模型准确率与 HierFAVG 近似相同。当客户端数据为非独立同分布时，模型准确率随数

据异构程度的增大而减小。在不同的数据异构的绝大多数情况下，HCFL 模型准确率都优于 HierFAVG，并且在异构程度最大时（客户端类均值为 2 时），相比 HierFAVG，HCFL 模型精度提高了 9%左右。在训练时间方面，HCFL 比 HierFAVG 平均缩短了 15%，尤其在 AIoT 设备异构程度较大时，联邦学习训练时延降低得更为显著。

4.6　本　章　小　结

本章提出了多模态数据 HCFL 方法，在异构多模态 AIoT 场景下，能显著提高联邦学习的训练效率和精度，同时能使 AIoT 设备资源得到高效利用。HCFL 设计云-边-端分层混合聚合机制，能有效提高模型参数聚合效率，并组织海量 AIoT 设备参加联邦学习。为了缓解 AIoT 设备资源异构的影响，本章在边缘层提出了资源重均衡的客户端选择算法，根据客户端模型精度与数据分布特征，进行细粒度动态选取。针对资源受限的 AIoT 设备，设计了自组织联邦协同训练算法，构建了 AIoT 异构设备协作集合，充分利用空闲 AIoT 设备资源加速联邦学习训练过程。实验结果表明，HCFL 的模型准确率、训练时间、AIoT 设备利用率优于现有的基准算法。

参 考 文 献

[1] McMahan H B, Moore E, Ramage D, et al. Communication-efficient learning of deep networks from decentralized data[EB/OL]. (2016-02-17)[2024-05-01]. https://arxiv.org/abs/1602.05629v4.

[2] Liu L M, Zhang J, Song S H, et al. Client-edge-cloud hierarchical federated learning[C]//ICC 2020-2020 IEEE International Conference on Communications (ICC). IEEE. 2020: 1-6.

[3] Chai Z, Chen Y J, Anwar A, et al. FedAT: A high-performance and communication-efficient federated learning system with asynchronous tiers[C]//Proceedings of the International Conference for High Performance Computing, St. Louis Missouri, 2021: 1-16.

[4] Nishio T, Yonetani R. Client selection for federated learning with heterogeneous resources in mobile edge[C]//ICC 2019-2019 IEEE International Conference on Communications (ICC), Shanghai, 2019: 1-7.

[5] Chai Z, Ali A, Zawad S, et al. TiFL: A tier-based federated learning system[C]//Proceedings of the 29th International Symposium on High-Performance Parallel and Distributed Computing, Stockholm, 2020: 125-136.

[6] Bonawitz K, Eichner H, Grieskamp W, et al. Towards federated learning at scale: System design[J]. Proceedings of machine learning and systems, 2019, 1: 374-388.

[7] Dinh C T, Tran N H, Nguyen M N H, et al. Federated learning over wireless networks: Convergence analysis and resource allocation[J]. IEEE/ACM Transactions on Networking, 2020, 29(1): 398-409.

[8] Luo S Q, Chen X, Wu Q, et al. HFEL: Joint edge association and resource allocation for cost-efficient hierarchical federated edge learning[J]. IEEE Transactions on Wireless Communications, 2020, 19(10): 6535-6548.

[9] Zhao Y, Li M, Lai L Z, et al. Federated learning with non-IID data[EB/OL]. (2018-06-02)[2024-05-01]. https: //arxiv. org/abs/1806. 00582v2.

[10]Karimireddy S P, Kale S, Mohri M, et al. Scaffold: Stochastic controlled averaging for federated learning[C]// International conference on machine learning. PMLR, 2020: 5132-5143.

[11] Imteaj A, Thakker U, Wang S Q, et al. A survey on federated learning for resource-constrained IoT devices[J]. IEEE Internet of Things Journal, 2021, 9(1): 1-24.

[12] Wen D Z, Jeon K J, Huang K B. Federated dropout: A simple approach for enabling federated learning on resource constrained devices[J]. IEEE Wireless Communications Letters, 2022, 11(5): 923-927.

[13] Thapa C, Arachchige P C M, Camtepe S, et al. Splitfed: When federated learning meets split learning[C]// Proceedings of the AAAI conference on artificial intelligence, 2022, 36(8): 8485-8493.

[14] Wu D, Ullah R, Harvey P, et al. FedAdapt: Adaptive offloading for IoT devices in federated learning[J]. IEEE Internet of Things Journal, 2022, 9(21): 20889-20901.

[15] Huang Y K, Qiao X Q, Lai W H, et al. Enabling DNN acceleration with data and model parallelization over ubiquitous end devices[J]. IEEE Internet of Things Journal, 2021, 9(16): 15053-15065.

[16] Schulman J, Wolski F, Dhariwal P, et al. Proximal policy optimization algorithms[EB/OL]. (2017-07-20)[2024-05-01]. https: //arxiv. org/abs/1707. 06347v2.

[17] He C Y, Li S Z, So J, et al. FedML: A research library and benchmark for federated machine learning[EB/OL]. (2020-07-27)[2024-05-01]. https: //arxiv. org/abs/2007. 13518v4.

[18] LeCun Y, Bottou L, Bengio Y, et al. Gradient-based learning applied to document recognition[J]. Proceedings of the IEEE, 1998, 86(11): 2278-2324.

[19] Xiao H, Rasul K, Vollgraf R. Fashion-MNIST: A novel image dataset for benchmarking machine learning algorithms[EB/OL]. (2017-09-25)[2024-05-01]. https: //arxiv. org/abs/1708. 07747v2.

[20] Yoshida N, Nishio T, Morikura M, et al. Hybrid-FL for wireless networks: Cooperative learning mechanism using non-IID data[C]//ICC 2020-2020 IEEE International Conference on Communications (ICC), Dublin, 2020: 1-7.

第 5 章　跨域迁移的多模态推荐服务技术

随着智慧物联网感知设备的大规模部署，数据搜索空间也在不断扩张，在面向智慧物联网中庞大的搜索空间及海量的 AIoT 实体多模态数据时，单纯地使用搜索技术难以满足用户的个性化 AIoT 实体数据获取需求，而引入 AIoT 实体智能推荐技术可为用户提供个性化的 AIoT 实体多模态数据推荐结果，从而进一步提高用户对智慧物联网的数据感知效率。智慧物联网场景中的多模态数据在形式和类型上更加复杂多样，而海量的异构多模态数据将会给传输和处理工作带来巨大的挑战。因此，如何进行有效的 AIoT 实体多模态数据智能推荐显得格外重要，通过为用户推荐 AIoT 实体信息，可以避免频繁的搜索操作，减少用户的查询次数，从而减少感知设备的能量消耗，同时，可有效提升智慧物联网用户的使用体验。如何为 AIoT 用户提供满意的推荐服务，其核心在于高效推荐方法的设计，保证用户可在海量、异构的智慧物联网环境中准确、高效地获取 AIoT 实体多模态数据，实现物理环境的实时感知。

5.1　多模态推荐研究现状及主要挑战

5.1.1　AIoT 多模态推荐研究现状

随着互联网技术的快速发展，网络空间也由传统互联网扩展到了人-机-物互联的泛在网络空间，互联网应用模式发展到了互联网 3.0，多模态数据容量也呈现爆炸式增长，极大地促进了多模态数据应用的深入发展。如何有效地存储和管理 AIoT 实体数据是智慧物联网搜索的关键所在[1]。智慧物联网搜索引擎可以为用户获取传感器信息提供便利，使用户可以在线浏览物理 AIoT 实体的多模态状态信息。但是随着智慧物联网设备数量的增加以及人们对于 AIoT 实体多模态状态信息的准确感知需求越来越高，出现了 AIoT 实体智能推荐技术。AIoT 实体智能推荐作为新兴技术，如何对物理空间中传感器设备所感知的海量物理实体状态多模态数据进行高效组织和管理，如何依据用户的个性化、智能化需求，快速、准确地从庞杂的物理 AIoT 实体信息中匹配满足需求的 AIoT 实体状态数据具有非常重要的研究意义。当前，针对 AIoT 实体智能推荐技术，已经有一系列的研究成果，主要集中在高精度和低时延 AIoT 实体推荐方面。AIoT 实体智能推荐技术在推动智慧物联网发展、促进物理空间与信息空间融合方面发挥着重要的作用。

传统的 AIoT 实体智能推荐技术仅从单个领域中挖掘用户的偏好，而单个领域中用户的多模态数据往往不足，所以传统的 AIoT 实体智能推荐技术的性能相对有限，已无法满足用户对于 AIoT 多模态数据的获取需求。目前，针对 AIoT 多模态推荐技术的研究尚处于初级阶段，本节对相关工作进行介绍。

1. 基于云计算的多模态推荐算法研究

随着 2006 年云计算[2]被提出，研究人员提出了基于云计算的 AIoT 实体智能推荐方法。文献[3]通过将超文本传输协议和消息队列遥测传输结合，在云端实现智慧物联网的实体多模态数据推荐功能。文献[4]在云端建立传感器收集的多模态数据库，从而加速用户 AIoT 实体多模态数据的推荐速度。文献[5]采用了一种优化的近邻推荐方法，降低了用户获取云端智慧物联网实体数据的时延。为了提升多模态数据的推荐精度，文献[6]提出了一种基于时间相关系数且带有杜鹃搜索的改进 K-means 推荐模型，云端服务器将相似的用户聚类为一组，通过用户分组的形式提供快速和准确的推荐。然而，在基于云计算的物联网推荐方案中，用户距传感器的通信链路过长，并且末端传感器的计算能力有限，不能实时地将智慧物联网实体的状态数据上传到云端，因此，会导致用户通过云端获取的推荐结果失真，让用户无法获取传感器的实时多模态数据。

2. 基于边缘计算的多模态推荐算法研究

云计算适合处理周期长且时延不敏感的多模态数据，而边缘计算更适用于处理实时性要求高、时变性强的多模态数据[7]。因此，与传统云计算相比，在智慧物联网场景下采用边缘计算架构将会取得更好的实时推荐效果。文献[8]基于边缘计算思想提出了一种降低时延的多目标跟踪策略。文献[9]指出边缘服务器可以作为感知设备和云端中心的桥梁，提高多模态数据的推荐效率。文献[10]通过在边缘服务器端融合嵌入式模块化网关，解决智慧物联网场景下海量设备的动态管理及多模态时变数据的高效推荐问题。虽然边缘服务器可以更好地处理本地推荐问题，但是边缘服务器的推荐范围相对有限，在推荐跨区域、跨边缘服务器的 AIoT 实体数据时，本地传感器数据会首先上传到边缘服务器，随后由边缘服务器上传到云端，而后云端再将 AIoT 实体数据下发到边缘服务器，从而导致通信的时延更长。

3. 基于迁移学习的多模态推荐算法研究

迁移学习[11]是指将某个领域或任务上的知识或模型应用到不同的但相关的领域或问题中。因此，与传统的单领域推荐算法相比，在 AIoT 实体智能推荐的场景下应用迁移学习方法会取得更好的推荐精度。文献[12]提出了一种借助共享多模态数据的学习方式以达到权重迁移。文献[13]提出一种跨域协作知识选择性迁移的推荐方案，不仅从辅助域中学习项目的潜在关系进行迁移，而且选择性地将辅助域的用户潜在因子进行学习迁移，从而解决单领域推荐问题中的多模态数据稀疏性问题。但是，跨领域迁移使用的前提是源域和目标域之间存在相关性，因此，若跨领域迁移问题中源域选取不当反而会使目标域的推荐性能下降。

综上所述，传统的推荐算法大多使用单个领域中的用户评分数据来预测用户的喜好，易导致推荐的结果单一，同时当单个领域中评分数据稀疏时，还容易导致冷启动问题。目前的智慧物联网场景中的迁移学习推荐方法大多参考互联网场景，因此，在分布式、高实时性要求的智慧物联网场景下，需对现有的迁移学习推荐方法进行调整。AIoT 实体推荐系统不仅与 AIoT 实体的特征有关，而且与用户的偏好和是否有历史多模态数据有关。所以，在进行 AIoT 实体智能推荐的过程中，需结合实际的场景采取相应的推荐方案，充分地挖掘用户的潜在需求，与此同时，也需考虑 AIoT 实体智能推荐过程中的时延问题，应通过适当地降低算法复杂度来降低推荐系统时延。最后，可以采用边云协同的系统架构，从架构的层面降低系统的时延，优化推荐性能。

5.1.2　AIoT 多模态推荐主要挑战

1. AIoT 实体数据稀疏性问题

随着 AIoT 技术的不断发展，AIoT 设备可以收集并处理实体的不同模态数据，如声音、图像、温度、湿度等，其可以提供更加全面和准确的信息，有助于提高 AIoT 实体的智能化推荐水平。AIoT 实体的多个传感器可能存在不同的采样率、精度、功耗等，导致部分数据的采集维度非完全一致。此外，多模态数据的特征维度往往非常高，但在实际应用中，由于设备部署成本的限制，AIoT 实体只能采集部分模态数据，这些因素都会导致多模态数据的稀疏性，进而影响 AIoT 实体的推荐性能。AIoT 多模态数据稀疏性带来的影响是多方面的。首先，会导致 AIoT 实体处理结果不准确，降低智能决策的可靠性和精度。其次，稀疏数据还会降低 AIoT 实体推荐的性能和响应速度。

2. AIoT 实体推荐算法冷启动问题

冷启动问题作为推荐系统的固有难题，其核心在于推荐系统缺乏足够的数据来生成准确的推荐结果，在面向海量的 AIoT 实体时尤为突出，由于 AIoT 的设备数量不断增加，每个设备又会产生多种类型和格式的数据，缺少关于设备、传感器、数据流等的历史记录、用户行为以及设备特征等多模态信息。这些多模态信息通常是推荐系统所依赖的基础数据，用于分析用户兴趣、建模设备行为以及预测推荐结果。在缺乏这些数据的情况下，推荐系统无法对新加入的实体进行推荐。

3. AIoT 实体推荐算法适用性问题

AIoT 具有实体资源受限、数据模态多样、实体状态时变等特征，使现有的 AIoT 实体推荐技术存在结果不准确、时效性差的问题。现有的推荐算法大多针对互联网虚拟信息资源，对于智慧物联网场景下的实体多模态数据推荐任务适用性有限。由于互联网中网页等虚拟信息资源变化的频率比智慧物联网的实体慢很多，因此，需要对互联网的推荐方法进行改进，以适用于 AIoT 海量状态时变实体的多模态数据推荐。根据用户对 AIoT 实体的搜索历史记录估计用户的喜好，将其感兴趣的实体推荐给用户，对改善 AIoT 推荐系统的用户使用体验、提升用户的推荐满意度非常有益。

为了解决 AIoT 实体智能推荐中的问题，本章提出了边云协同的多模态推荐方法，首先，根据到边缘服务器的物理距离，将 AIoT 网关处的 AIoT 实体多模态数据存储在最近的边缘服务器，由于边缘服务器距离用户更近，可以有效减小通信链路时延，并且能够更加实时、有效地推送数据。同时，边缘服务器会周期性地将 AIoT 实体数据上传到云服务器，因为云服务器虽然远离用户，但是其有更大的存储容量和计算能力，可以为用户提供更为丰富的推荐内容。并且，考虑到智慧物联网新用户加入带来的冷启动问题，本章提出了基于迁移学习的解决方法，将与用户相似的其他领域多模态数据进行偏好迁移以提高目标领域中新用户的推荐精度。

5.2 边云协同多模态推荐架构

传统 AIoT 实体智能推荐系统未考虑云端与边缘侧资源特性，导致边缘设备的资源浪费与云端设备的极大负载。本章提出层次化边云协同双模跨域迁移 AIoT 实体智能推荐架构，如图 5.1 所示。

感知层由众多与传感器关联的物理 AIoT 实体和网关组成，传感器负责感知其关联 AIoT 实体对象的多模态状态数据，网关负责收集传感器上传的 AIoT 实体多模态状态数据。边缘层由边缘服务器群组成，边缘服务器采用本章提出的用户兴趣快速识别方法，推荐用户感兴趣的 AIoT 实体数据。云服务器采用本章提出的用户兴趣跨域迁移方法，实现了用户兴趣度的高精度识别，为用户推荐精度更高的结果。

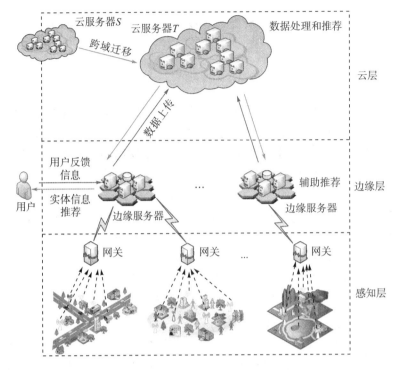

图 5.1　边云协同实体智能推荐架构

云服务器对边缘服务器上传的 AIoT 实体多模态状态数据进行汇总，使用聚类算法获取用户兴趣组。首先在辅助域使用矩阵分解将用户-AIoT 实体项目矩阵补全，随后使用跨域迁移用户兴趣度估计方法，将辅助域用户之间的相似度关系迁移到目标域，在目标域计算用户对 AIoT 实体评价之间的皮尔逊相似度[14]。最后为边缘冷启动用户生成 AIoT 实体推荐结果。

在传统 AIoT 实体智能推荐模式下，用户直接和云服务器进行通信，当用户距离云服务器过远时，会因通信链路过长导致 AIoT 实体推荐实时性较差。因为这种情况下云服务器需要遍历所有传感器以获取目标 AIoT 实体的当前状态信息，会导致用户与服务器之间的通信时延增大，而经过较长传输时延得到的推荐结果将不能准确反映 AIoT 实体的当前状态。为此，本章采用一种边云协同双模跨域迁移 AIoT 实体智能推荐方法，由于边缘服务器靠近用户和 AIoT 实体，因而边缘服务器端通信链路较短，同时，在边缘服务器端使用本章提出的快速用户兴趣组划分策略为用户生成 AIoT 实体推荐结果，以降低用户获取 AIoT 实体多模态数据的时延。相反，虽然云服务器远离用户，但其含有多个边缘用户对 AIoT 实体的评价信息，计算用户相似度可以带来更高的精度。由于云服务器端往往会有更多冷启动用户，因此，云服务器采用本章提出的跨域迁移用户兴趣度估计方法，将辅助域用户 AIoT 实体评价多模态数据引入，从而改善面向冷启动用户的推荐精度低的问题，具体过程如下。

首先，面向边缘的 AIoT 实体推荐方法先进行用户兴趣的快速识别。在 AIoT 实体层相关联的传感器接收到 AIoT 实体多模态数据以后，网关对收集的 AIoT 实体状态数据进行汇总，并上传到边缘服务器。边缘服务器根据缓存的用户 AIoT 实体评价历史多模态数据，计算出用户感兴趣的 AIoT 实体，当网关上传的对应 AIoT 实体信息更新时，便为用户推荐其感兴趣的 AIoT 实体最新状态数据。然后，面向云端的 AIoT 实体采用跨域用户相似度迁移的推荐方法，云服务器接收边缘服务器上传的 AIoT 实体状态数据，同时更新云端用户对 AIoT 实体的评价历史多模态数据。在云服务器端对更新的用户 AIoT 实体评价信息进行聚类，将相似用户聚类为一个小组。在兴趣组内计算用户对 AIoT 实体的评价相似度，同时，在辅助域中计算用户与其他用户对 AIoT 实体的评价相似性，最后使用跨域迁移用户兴趣度估计方法，将辅助域用户对 AIoT 实体的潜在偏好信息迁移到目标云服务器，从而计算出目标云服务器的冷启动用户 AIoT 实体偏好情况，以有效缓解 AIoT 实体智能推荐场景中冷启动用户推荐精度低的问题。

5.3　用户兴趣跨域迁移方法

通常具有相似兴趣的用户对于物理 AIoT 实体偏好的相似性更高，首先根据用户对物理 AIoT 实体的偏好历史记录信息，如对酒店的评分记录、图文评价等多模态数据，对用户兴趣进行识别，并区分具有相似 AIoT 实体兴趣的用户组。本章采用 K-means++[15]算法划分用户对 AIoT 实体评价的兴趣组，首先使用 Canopy 聚类算法确定初始聚类用户兴趣组中心数目，因其无须提前确定簇数，且算法速度快，在确定用户兴趣组的过程中可以删除较小的聚簇，因而可以提升聚类算法精度。

使用算法 5.1 对用户兴趣组划分完毕后，在兴趣组内使用皮尔逊相似度计算用户之间的相似度。皮尔逊相关系数定义为两个用户 X、Y 之间协方差 $\mathrm{Cov}(X,Y)$ 与标准差 σ_X、σ_Y 的商，表示为

$$\rho_{XY} = \frac{\mathrm{Cov}(X,Y)}{\sigma_X \sigma_Y} = \frac{E((X - \mu X)(Y - \mu Y))}{\sigma_X \sigma_Y} \tag{5.1}$$

算法 5.1：Canopy + K-means++算法

输入：用户对 AIoT 实体的评价集合 $S = \{x_1, x_2, \cdots, x_n\}$

输出：K 个兴趣组划分结果，聚类边界 T_1、T_2

1：计算多模态数据集中心点，生成中心点 P_1；

2：**while** 计算剩余聚类中心点与其他多模态数据样本点之间的距离为 R；

3:　　　**if** $R < T_2$

4:　　　　　放入聚类中心 P_1 中并从多模态数据样本 S 中删除此点；

5:　　　**else if** $T_2 < R < T_1$

6:　　　　　放入聚类中心 P_1；

7:　　　**end if**

8:　　　**else if** $R > T_1$

9:　　　　　生成新的聚类中心并从多模态数据样本 S 中删除此点；

10:　　　**end if**

11:　　　从 AIoT 实体评价集合 S 中随机选取 k 个点作为簇中心；

12:　　　**while** epoch $< n$ 簇中心不再变化

13:　　　　计算中心距离 $\mathrm{dist}(x_i, x_k) = \mathrm{sqrt}\left(\sum_{d=1}^{S}(x_{i,d} - x_{k,d})^2\right)$

14:　　　　更新中心点 $\mathrm{Center}_k = \sum_{x_i \in C_k} x_i / |C_k|$

15:　**return**

用户之间的皮尔逊相关系数表示为

$$\rho_{XY} = \frac{\sum_{i=1}^{n}(X_i - \bar{X})(Y_i - \bar{Y})}{\sqrt{\sum_{i=1}^{n}(X_i - \bar{X})^2}\sqrt{\sum_{i=1}^{n}(Y_i - \bar{Y})^2}} \tag{5.2}$$

式中，$i \in R(U, I)$，R 为用户 AIoT 实体评分集合，U 是用户集合，I 是实体集合；X_i 为用户 X 对 AIoT 实体 i 的评分；$\bar{X}$ 为用户 X 对所有 AIoT 实体的平均评分；Y_i 为用户 Y 对 AIoT 实体 i 的评分；$\bar{Y}$ 为用户 Y 对所有 AIoT 实体的平均评分。X 和 Y 之间的相关距离计算为 $D_{XY} = 1 - \rho_{XY}$，最终根据皮尔逊相关系数，获得用户 X 的最近邻居集 N。根据最近邻居集 N 中的其他用户，预测用户对用户 X 尚未搜索的 AIoT 实体 e 的评分，如式 (5.3) 所示：

$$\mathrm{pred}(X, e) = \bar{X} + \frac{\sum_{\gamma \in N} \rho_{X\gamma}(\gamma_e - \bar{\gamma})}{\sum_{\gamma \in N} \rho_{X\gamma}} \tag{5.3}$$

式中，γ 为用户 X 最近邻居集 N 中的任意用户；$\rho_{X\gamma}$ 为用户 X 与用户 γ 之间的皮尔逊相关系数；γ_e 为用户 X 对 AIoT 实体 e 的评分；$\bar{\gamma}$ 为用户 X 的所有邻居对 AIoT 实体 e 的评分均值。

最后，由最终的预测结果获得 AIoT 实体推荐列表并完成推荐。对于拥有相同用户或 AIoT 实体的两个领域，在一个领域出现的用户或 AIoT 实体意味着在另一个领域中也将会出现，从而可以得出两个领域中拥有相同的用户和 AIoT 实体的结论。因而，可以指定一个领域为辅助域，另一个领域为目标域。通过跨域迁移，给只有少量评价信息的目标领域用户推荐 AIoT 实体。具体而言，通过调节辅助域和目标域中的标签比例来选取最佳迁移权重。

为了满足用户潜在感兴趣的 AIoT 实体搜索需求，同时提升推荐系统的准确度，本章提出了一种用户兴趣跨域迁移(cross domain interest transfer, CDIT)方法，该方法首先采用矩阵分解评分补全策略对辅助域用户未评分的多模态数据进行补全，随后计算辅助域用户的相似度矩阵，再通过 Canopy 算法确定目标域兴趣组数量，最后通过 K-means++聚类算法划分多个兴趣组。根据皮尔逊相关系数，计算兴趣组中用户对 AIoT 实体评价的相似度。同时根据辅助域用户相似度多模态数据，由用户兴趣跨域迁移方法获取 AIoT 实体推荐候选集，生成最优的推荐结果。

在图 5.2 中，为了实现跨领域迁移，引入了与目标域存在相似性的辅助域，通过在辅助域中训练多模态数据，学习得到用户对 AIoT 实体的兴趣偏好程度模型，以此提升目标域用户对 AIoT 实体兴趣相似度的预测效果。例如，若根据历史记录发现用户经常搜索书店信息，则可以为用户推荐图书馆信息。当目标域中有新的用户出现时，推荐系统会将新用户在辅助域中的历史评分偏好模型迁移至目标域中，训练生成新的模型，以此为目标域中缺乏历史记录的新用户生成推荐列表并推荐其感兴趣的 AIoT 实体多模态数据。通过共享二者之间存在相似性的搜索记录，可以有效提升多模态数据较少一方的推荐性能。

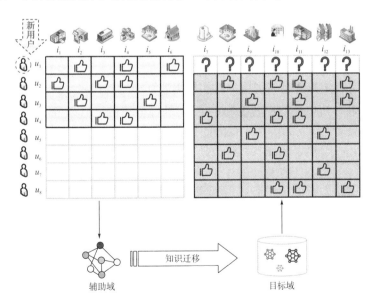

图 5.2　跨域迁移推荐流程

本章定义 A_{sim} 为辅助域用户相似度矩阵，T_{sim} 为目标域用户相似度矩阵，在两个领域之间加入权重 α 得到最终的权重迁移模型，本章提出的跨域迁移用户兴趣度估计方法，首先根据皮尔逊相似度计算出辅助域用户相似度 $A_{\text{sim}}(X_i, Y_j)$，表示为

$$A_{\text{sim}}(X_i, Y_j) = \frac{\sum_{i=1}^{n}(X_i - \overline{X}_i)(Y_j - \overline{Y}_j)}{\sqrt{\sum_{i=1}^{n}(X_i - \overline{X}_i)}\sqrt{\sum_{j=1}^{n}(Y_j - \overline{Y}_j)}} \tag{5.4}$$

再利用皮尔逊相似度计算出目标域的用户相似度，表示为

$$T_{\text{sim}}(X_i, Y_j) = \frac{\sum_{i=1}^{n}(X_i - \overline{X}_i)(Y_j - \overline{Y}_j)}{\sqrt{\sum_{i=1}^{n}(X_i - \overline{X}_i)}\sqrt{\sum_{j=1}^{n}(Y_j - \overline{Y}_j)}} \tag{5.5}$$

最后利用相似度迁移算法来计算出最终的用户相似度，表示为

$$U_{\text{sim}}_{i,j \in U}(u_i, u_j) = \alpha A_{\text{sim}}_{i,j \in U}(u_i, u_j) + (1 - \alpha) T_{\text{sim}}_{i,j \in U}(u_i, u_j) \tag{5.6}$$

通过计算用户之间或 AIoT 实体之间的相似性，找到最近邻居并完成推荐。获取用户对项目的评分矩阵，并对矩阵中未知评分部分进行填充，随后对辅助域用户之间的相似度 $p_{i,k}$ 进行学习，如下：

$$p_{i,k} = \overline{r}_i + \frac{\sum_{j \in U}(r_{j,k} - \overline{r}_j) \times U_{\text{sim}}(u_i, u_j)}{\sum_{j \in U}\left|U_{\text{sim}}(u_i, u_j)\right|} \tag{5.7}$$

式中，$\overline{r}_i$ 为用户 i 的所有邻居用户对实体 k 的评分均值；$r_{j,k}$ 为用户 j 对实体 k 的评分；$\overline{r}_j$ 为用户 j 的所有邻居用户对实体 k 的评分均值。

5.3.1 辅助域用户相似度学习

为了利用辅助域的多模态数据来辅助目标域用户相似度的计算，跨域迁移用户兴趣度估计方法首先会对辅助域中的用户项目评分矩阵进行填充，并计算填充矩阵用户之间的相似度。通过计算填充矩阵相似度来辅助目标域中用户之间的相似度计算。本章通过矩阵分解方式补全未知评分，矩阵分解原理是通过低秩矩阵相乘来表示原有用户项目评分信息矩阵 R_A，用 Z_A 表示填充以后的低秩矩阵，则 Z_A 可以表示为

$$Z_A \approx U_{m \times s} \times V_{n \times s}^{\mathrm{T}} \tag{5.8}$$

式中，s 表示特征维度，$s \ll \min(m,n)$，m 为用户数，n 为实体数量；$U_{m \times s}$ 为用户的相似度矩阵；$V_{n \times s}^{\mathrm{T}}$ 为用户对实体的评分矩阵的转置。经过式(5.8)计算后，用户 u 对项目 i 的评分预测表示为 $r_{u,i} = U_u \cdot V_i^{\mathrm{T}}$。由于 R_A 是一个带有离群值的矩阵，因此 R_A 的最优值可以通过最小化损失函数 $\Gamma(U,V)$ 求得，如下：

$$\min \Gamma(U,V) = \left\| Z_A \odot \left(R_A - UV^{\mathrm{T}} \right) \right\|_{\mathrm{F}}^2 \tag{5.9}$$

式中，$\|\cdot\|_{\mathrm{F}}$ 代表弗罗贝尼乌斯（Frobenius）范数；$\odot$ 为阿达马积。为了避免过度拟合问题，这里引入正则项，如下：

$$\Gamma(U,V) = \left\| W_A \odot \left(R_A - UV^{\mathrm{T}} \right) \right\|_{\mathrm{F}}^2 + \omega_1 \|U\|_{\mathrm{F}}^2 + \omega_2 \|V\|_{\mathrm{F}}^2 \underset{\omega_1 \geq 0, \omega_2 \geq 0}{\to} \min \tag{5.10}$$

式中，ω_1、ω_2 为控制因子，用于控制矩阵分解模型误差。通过交叉最小二乘（alternating least squares，ALS）算法求解损失函数，如下：

$$\partial \Gamma(U,V) / \partial U = 0 \tag{5.11}$$

$$\partial \Gamma(U,V) / \partial V = 0 \tag{5.12}$$

计算出辅助域填充矩阵 Z_A 后，通过式(5.4)来计算辅助域用户之间的相似度 A_{sim}。

5.3.2　迁移权重 α 的确定

为了更好地将辅助域的用户 AIoT 实体评分相似度迁移到目标域中，本章定义了相似度迁移权重因子 α，通过调整 α 的值来获得最佳迁移效果，如下：

$$\mathrm{dist}(U_T, U_A) = \sqrt{1 - \sigma \min^2(U_T^{\mathrm{T}} U_A)} \tag{5.13}$$

$$U = Q \times T \tag{5.14}$$

跨域迁移用户兴趣度估计模型中，α 是由辅助域和目标域共同确定的，为了实际量化 α 的值，本章采用计算辅助域和目标域的用户子空间距离的方法。假设 U_T 和 U_A 分别是目标域和辅助域的用户特征矩阵，则 U_T 和 U_A 的子空间距离可由式(5.13)计算得出。式中，$\sigma \min(X)$ 表示 X 的最小奇异值。为了得到 U_T 和 U_A 的特征子空间，通过矩阵分解将矩阵 U 分解为一个正三角矩阵 Q 和一个上三角矩阵 T。最后，获取目标域中的用户项目评分矩阵，并对用户之间的相似度进行学习。确定平衡参数 α 以后，根据式(5.6)可以计算出最终的用户相似度矩阵。根据基于权重的迁移学习对辅助领域用户相似度 A_{sim} 进行迁移，获取最终用户相似度 U_{sim}，最后根据皮尔逊相似度计算公式即式(5.7)生成用户推荐列表，由云服务器将推荐结果推送给用户。

5.4　多模态推荐算法性能验证

5.4.1　仿真环境设置

1. 数据集预处理

本章使用了 Yelp[16]数据集（数据集包括用户 ID、AIoT 实体 ID、评分、地理位置），Yelp 数据集中包含评分数据和许多入住地点，如餐厅、酒店、咖啡馆和酒吧等。在数据集中过滤出签到城市为洛杉矶，并且包含 25 条以上评论信息，以及已签到和访问过的地址的用户评分信息，累计 31302 条数据。为了对比算法性能，对 Yelp 数据集进行划分，将其中 60%划分为辅助域数据集，20%划分为目标域数据集，剩余 20%作为验证集数据。详细参数设置如表 5.1 所示。

表 5.1　CDIT 参数设置

CDIT 参数	数值
兴趣组划分数量/个	3
边缘服务器数量/个	0~45
迁移权重 α	0.8
推荐 AIoT 实体数量/个	10000~60000
最近邻数量/个	0~100

边缘服务器为 Windows 10 的 64 位操作系统，处理器是英特尔 i5-8400 2.8GHz，16GB 内存。云服务器为 Ubuntu18.04 LTS 64 位操作系统，处理器是英特尔 i9-10900K 3.7GHz，64GB 内存，开发工具是 PyCharm 2020、TensorFlow-1.14、MATLAB 2018a。

2. 评价指标定义

本节使用平均绝对误差（mean absolute error，MAE）、均方误差（mean square error，MSE）以及均方根误差（root mean square error, RMSE）来评估推荐系统的性能。

MAE 反映了预测结果误差，值越小推荐效果越好，其表达式为

$$\text{MAE} = \frac{1}{N}\sum_{i=1}^{N}\left(\text{real}_i - \text{pred}_i\right) \tag{5.15}$$

式中，N 为测试样本数量；real_i 为用户对 AIoT 实体 i 的真实评分；pred_i 为用户对 AIoT 实体 i 的预测评分。

MSE 反映了预测值和真实值之间的差异程度，值越小推荐效果越好，其表达式为

$$\text{MSE} = \frac{1}{N} \sum_{i=1}^{N} (\text{real}_i - \text{pred}_i)^2 \tag{5.16}$$

RMSE 可以减少多模态数据维度对实验结果的影响，它可以很好地描述推荐系统的整体性能，其表达式为

$$\text{RMSE} = \sqrt{\frac{1}{N} \sum_{i=1}^{N} (\text{real}_i - \text{pred}_i)^2} \tag{5.17}$$

5.4.2　仿真结果分析

1. 兴趣组划分结果

边缘服务器首先对用户关于 AIoT 实体兴趣度的历史数据进行粗聚类，通过 Canopy 聚类得到用户兴趣组划分的粗略结果。图 5.3 为 Canopy 聚类算法的划分结果，将用户对 AIoT 实体的评价数据划分为 3 个团簇，因此，可以确定 3 个兴趣组。当完成粗聚类后，使用 K-means++聚类算法获得精度更高的实体兴趣度划分结果。

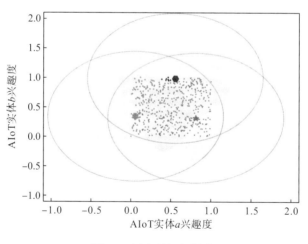

图 5.3　用户兴趣组划分

图 5.4 展示了使用 K-means 与 K-means++算法划分用户兴趣组的结果。在图 5.4(a) 中，用户兴趣组的聚类中心相对于兴趣组中心是有偏移的，部分用户被错误地分配到了其他兴趣组中。与之不同的是，图 5.4(b) 中的 K-means++方法使用户兴趣组聚类中心与兴趣组中心完美对应，获得了更高的划分精度。从图 5.4(c) 可以看出，CDIT_K-means++的推荐准确率明显优于 CDIT_K-means。

因为 K-means++聚类中心更准确，所以在后面的步骤中为相似度计算引入的误差更小。在兴趣组内计算用户与 AIoT 实体的皮尔逊相似度，生成用户的推荐结果。最后将 AIoT 实体实时信息对应的推荐结果推送给用户。对于无法从边缘获取 AIoT 实体推荐结果的用户，其向云服务器发送请求。由云服务器端运行的跨域迁移用户兴趣度评估方法完成用户的兴趣相似度计算，最后为其生成 AIoT 实体推荐列表，完成推荐。

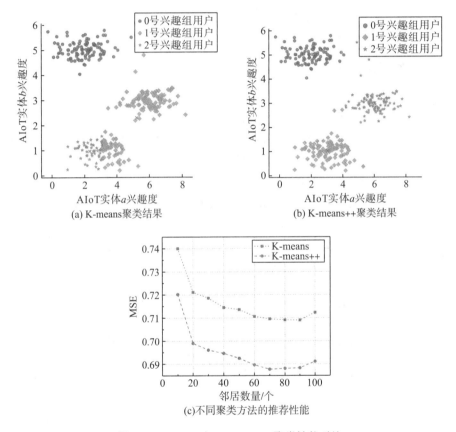

图 5.4　K-means 与 K-means++聚类性能对比

2. 边云协同推荐方案验证

从图 5.5 可以观测出，在边缘服务器数量由 5 个增加到 45 个的过程中，基于边缘推荐方案的 MAE 由 0.694 增加到 0.930，而基于边云协同推荐方案的 MAE 由 0.631 增加到 0.735，显然基于边缘的推荐方案中的 MAE 明显大于基于边云协同推荐方案的 MAE，这是因为在一定的区域内，当总的 AIoT 实体数目一定时，随着边缘服务器数量增加，单个边缘服务器缓存用户评价 AIoT 实体的历史多模态数据减少，从而导致边缘服务器资源受限问题越来越明显。边云协同多模态推荐方案的推荐准确性受边缘服务器数量的影响较小，因为云服务器始终包含全局 AIoT 实体多模态数据，可以为边缘侧 AIoT 实体评价历史信息不足的用户提供更高精度的推荐结果。

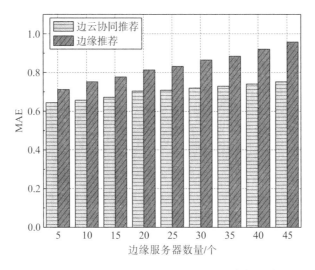

图 5.5　边缘服务器数量对不同推荐方案的影响

如图 5.6 所示，随着边缘服务器数量由 5 个增加到 40 个，基于云服务器的推荐方案的推荐时延没有降低，而是始终保持在 0.5s，因其没有使用边缘服务器，所以推荐时延不受边缘服务器数量的影响。边云协同和基于边缘服务器的推荐方案的推荐时延分别由 0.430s 降低到 0.319s、0.400s 降低到 0.310s。随着边缘服务器数量的增加，两种方案的推荐时延都在逐渐减小，边缘服务器数量在 0～25 个增加的过程中，推荐时延下降明显，但边缘服务器数量在 25～40 个增加的过程中推荐时延下降相对缓慢，且边云协同的推荐方案和基于边缘服务器的推荐方案的时延差距越来越小。随着边缘服务器数量的增加，总体的部署成本也在不断增加，并且当部署的服务器数量大于 25 个时，总体的成本急剧增加，因此，不能通过增加边缘服务器的数量来降低推荐的时延。这是由于 AIoT 实体数目有限，当边缘服务器处理能力已经满足多模态推荐服务的需求时，即使再增加边缘服务器的数量，时延也不会明显下降。

本章分别验证了基于云服务器推荐、基于边缘服务器推荐以及边云协同推荐方案的推荐时延，如图 5.7 所示。由于云服务器距离用户的通信距离较远，因此基于云服务器的推荐实时性最差；边缘服务器距离用户更近，基于边缘服务器的推荐方案通信时延短，但是单个边缘服务器资源受限从而导致推荐精度降低；边云协同推荐方案把部分推荐任务卸载到边缘服务器，可以兼顾推荐实时性与推荐精度。边云协同的推荐方案在牺牲 12%时延性能的前提下可以换来近两倍的精

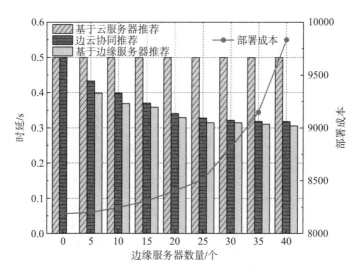

图 5.6　边缘服务器数量对不同推荐方案时延及成本的影响

度提升，因此，边云协同推荐方案可以缓解将全部多模态实体数据存储在云端带来的推荐时延，又可以缓解将全部多模态数据存储于边缘服务器带来的推荐精度降低问题。

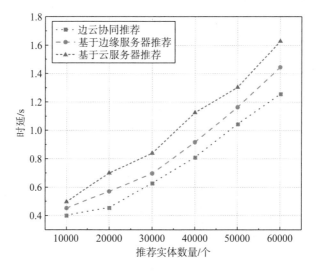

图 5.7　不同推荐方案时延

综上所述，可以得出完全由边缘服务器推荐时延最短，但考虑到边缘服务器部署成本以及边缘服务器过多会导致推荐精度降低的问题，不能仅依靠增加边缘服务器的数量来降低时延。同时，全部由云服务器推荐时延最长，用户体验下降，而边云协同推荐方法可以均衡推荐精度和推荐时延。

　　图 5.8 是不同迁移学习权重带来的推荐误差，当权重为 0 时，表示不进行跨域用户兴趣度迁移，此时，由于缺乏相似度学习数据，推荐误差会较大。随着权重增加，当权重为 0.8 时误差最小，同时再增加迁移权重，误差反而会增加，这是因为辅助域和目标域之间存在相似性但并非完全相同，因此当迁移权重过大时会引入更多干扰，使推荐误差增大。所以设置迁移权重为 0.8 可以使本章所提方案效果达到最佳，并可有效减小预测值与真实值之间的误差。

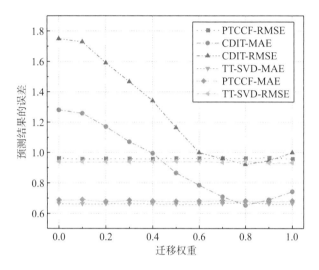

图 5.8　不同迁移权重 α 下的推荐误差

　　为了对比算法的性能，本章与以下基线算法进行了性能对比。

　　(1) 个性化时间相关的协同过滤[6](personalized time correlation collaborative filtering，PTCCF)算法：是一种带有时间相关的改进 K-means 聚类推荐算法，在计算用户相似度时通过将用户的兴趣随时间的变化联合建模，从而提供更准确的推荐结果。

　　(2) 双向信任推荐奇异值分解[17](two-way trust recommendation singular value decomposition，TT-SVD)算法：是一种带有双向信任的奇异值分解推荐方法，通过对用户之间的信任关系建模，从而提供更高精度的 AIoT 实体推荐结果。

　　在基于邻居数目进行评级预测时，邻居数目会影响推荐性能，因为过多的邻居会引入额外噪声，而邻居过少又会降低评分预测的准确性，因此本章通过改变邻居数目来选取最佳推荐邻居数目。

　　如图 5.9 所示，在邻居数目由 10 个增加到 100 个的过程中，本章所提的跨域迁移用户兴趣度估计方法的推荐精度始终高于其他算法，整体性能提升了 7.8%，并且当邻居数目取 70 个、迁移权重取 0.8 时，本章的推荐算法达到了最佳推荐性能。PTCCF 算法通过将用户的兴趣偏好与时间序列联合构建推荐模型，其底层的兴趣组划分仍然依赖 K-means 算法，但 K-means 算法划分兴趣组的精度较低，同时其忽略了用户评分多模态数据稀疏的情况，当多模态数据稀疏或新用户加入时并不能给出令人满意的推荐结果。TT-SVD 推荐算法将用户之间丰富的信任关系用于构建 AIoT 实体推荐模型，但其同样是在单个领域的推荐任务，没有很好地解决冷启动用户推荐问题，同时，其没有针对智慧物联网场景设计双模的推荐方式，导致整体的推荐性能有限。CDIT 算法考虑了评分矩阵稀疏性问题，设计了用户兴趣组划分方法，因此，可以实现更好的性能。同时 CDIT 算法考虑了用户冷启动问题，对于评分记录较少的用户，采用了跨域迁移用户兴趣度估计方法，因此，CDIT 算法要比其他算法性能更好。

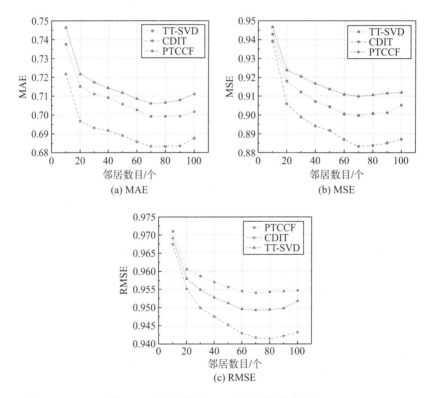

图 5.9　不同邻居数目下各算法的推荐性能

5.5　本 章 小 结

考虑到 AIoT 实体智能推荐的高实时性要求，本章结合了边云协同与跨域迁移的优势，提出了一种边云协同跨域迁移 AIoT 实体多模态推荐架构，旨在提高 AIoT 物理实体推荐的准确性和实时性；提出了一种用户兴趣快速识别方法，通过划分用户兴趣组，将用户感兴趣的 AIoT 实体多模态状态数据推荐给兴趣组中的其他用户，从而提高了推荐系统的智能水平；针对 AIoT 实体智能推荐场景下用户评分矩阵稀疏问题，通过辅助域相似度跨域迁移，提升目标域用户评分预测准确性。通过仿真验证表明，本章所提方法在推荐准确性和实时性方面有显著性能提升。

参 考 文 献

[1] Wu D P, Sun M Y, Zhang P N, et al. Personalized secure demand-oriented data service toward edge-cloud collaborative IoT[J]. IEEE Internet of Things Journal, 2023, 10(1): 378-390.

[2] Tran N K, Sheng Q Z, Babar M A, et al. Internet of Things search engine[J]. Communications of the ACM, 2019, 62(7): 66-73.

[3] Bijarbooneh F H, Du W, Ngai E C H, et al. Cloud-assisted data fusion and sensor selection for internet of things[J]. IEEE Internet of Things Journal, 2015, 3(3): 257-268.

[4] Hou L, Zhao S H, Xiong X, et al. Internet of things cloud: Architecture and implementation[J]. IEEE Communications Magazine, 2016, 54(12): 32-39.

[5] Michel J, Julien C. A cloudlet-based proximal discovery service for machine-to-machine applications[C]//International Conference on Mobile Computing, Applications, and Services. Cham: Springer, 2013: 215-232.

[6] Cui Z H, Xu X H, Xue F, et al. Personalized recommendation system based on collaborative filtering for IoT scenarios[J]. IEEE Transactions on Services Computing, 2020, 13(4): 685-695.

[7] Shi W S, Cao J, Zhang Q, et al. Edge computing: Vision and challenges[J]. IEEE Internet of Things Journal, 2016, 3(5): 637-646.

[8] Xu R H, Nikouei S Y, Chen Y, et al. Real-time human objects tracking for smart surveillance at the edge[C]//2018 IEEE International Conference on Communications (ICC), Kansas City, 2018: 1-6.

[9] Mollah M B, Azad M A K, Vasilakos A. Secure data sharing and searching at the edge of cloud-assisted internet of things[J]. IEEE Cloud Computing, 2017, 4(1): 34-42.

[10] Felfernig A, Erdeniz S P, Jeran M, et al. Recommendation technologies for IoT edge devices[J]. Procedia Computer Science, 2017, 110: 504-509.

[11] Zhuang F Z, Qi Z Y, Duan K Y, et al. A comprehensive survey on transfer learning[J]. Proceedings of the IEEE, 2020, 109(1): 43-76.

[12] Yang L, Jing L P, Yu J, et al. Learning transferred weights from co-occurrence data for heterogeneous transfer learning[J]. IEEE Transactions on Neural Networks and Learning Systems, 2015, 27(11): 2187-2200.

[13] Zhang H W, Kong X W, Zhang Y J. Selective knowledge transfer for cross-domain collaborative recommendation[J]. IEEE Access, 2021, 9: 48039-48051.

[14] Wang R Q, Cheng H K, Jiang Y L, et al. A novel matrix factorization model for recommendation with LOD-based semantic similarity measure[J]. Expert Systems with Applications, 2019, 123: 70-81.

[15] Mydhili S K, Periyanayagi S, Baskar S, et al. Retraction Note: Machine learning based multi scale parallel K-means++ clustering for cloud assisted internet of things[J]. Peer-to-Peer Networking and Applications, 2023, 16(3): 2023-2035.

[16] Wang C Y, Chen Y, Liu K J R. Game-theoretic cross social media analytic: How yelp ratings affect deal selection on Groupon[J]. IEEE Transactions on Knowledge and Data Engineering, 2017, 30(5): 908-921.

[17] Xu G Q, Zhao Y Y, Jiao L T, et al. TT-SVD: An efficient sparse decision-making model with two-way trust recommendation in the AI-enabled IoT systems[J]. IEEE Internet of Things Journal, 2020, 8(12): 9559-9567.

第 6 章　个性增强的实体加密搜寻服务技术

对于 AIoT 中的海量多模态实体数据，搜索服务技术可支持用户搜索请求与实体的多模态状态数据进行相关性匹配，完成相关实体的搜寻与筛选，被认为是 AIoT 用户快速、准确地获取实体多模态数据的有效途径。然而，对于隐私敏感的 AIoT 实体数据来说，传统面向云的搜索技术不适用于状态时变的 AIoT 实体搜索，且难以满足对 AIoT 实体数据的隐私保护需求。而且，现有搜索技术未考虑"千人千面"的用户个性化搜索需求，无法为用户反馈个性化定制的搜索结果。因此，本章提出一种边云协同的个性化实体加密搜索方法，首先，设计了一种边云协同的个性化加密搜索架构，以支持面向 AIoT 的安全、实时以及个性化搜索；其次，提出一种时间跨度融合的个性化搜索方法，通过分析用户历史搜索行为的时间演变特征从而挖掘用户兴趣偏好，准确感知用户搜索意图，实现对于候选实体的个性化排序；最后，设计了一种个性化重新排序的加密检索方法，实现面向多模式用户需求下个性化的加密实体搜索匹配。

6.1　实体加密搜寻研究现状及主要挑战

6.1.1　实体加密搜寻研究现状

近年来，实体加密搜寻相关研究成果大量涌现，首先对面向实体搜索的一系列关键技术进行了探索及创新，意在提升服务性能。然后，重点关注搜索过程中数据的隐私问题，提出基于可搜索加密技术的 AIoT 实体多模态数据搜寻方法。随之，利用人工智能技术深度感知查询语义以实现个性化搜索，进一步提升搜索准确性。本章从以下三个方面概述实体加密搜寻技术的研究现状。

1. 实体搜索

目前已有很多研究致力于改善 AIoT 实体搜索的性能。文献[1]针对复杂感知场景中多传感器共同感知实体信息时带来的资源浪费和数据可用性较差的问题，通过考虑传感设备的感知能耗和覆盖范围，提出了一种面向组合的反馈机制，在节省感知资源的同时提高了搜索精度。文献[2]根据实体数据状态差异化变化的特征，通过挖掘历史特征将其分为瞬变型实体数据和缓变型实体数据，分别缓存在边缘服务器和云服务器中，该方法有效保证了用户获取的实体信息的新鲜度。

文献[3]提出了一种边云协同缓存的移动智能设备搜索机制，依据移动智能设备的关键字相关性和不确定旅行时间进行时空关键字的建模，将地理区域划分为"边-云"缓存的频繁区域和本地缓存的非频繁区域，分别使用 n 跳邻居区域的时空关键词索引树和基于编码的时空关键字索引树实现搜索。文献[4]充分考虑了实体的属性类别，将其分为动态属性和静态属性，通过特征提取自适应识别兴趣实体，提出一种聚类平衡二叉树以保证高效地执行加密搜索。

2. 可搜索加密

可搜索加密自提出以来，经历了单关键字加密搜索、多关键字加密搜索、模糊搜索、排序搜索等多个阶段。文献[5]首次提出一种面向加密云外包数据的多关键字排序搜索方案，该方案利用向量空间模型和词频-逆文档频率(term frequency-inverse document frequency，TF-IDF)规则对关键词进行表示，并利用安全内积计算保证陷门和加密索引的相关性评估。此后，文献[6]在文献[5]的基础上进行改进，提出一种高效的多关键字排序方法，通过平衡二叉树索引数据提高了搜索效率。为了提升用户的搜索体验，文献[7]和文献[8]考虑了用户的搜索意图，提出面向加密云数据的多关键字排序搜索，这种方法通过用户的历史查询次数改变查询向量中关键词的 IDF 值来改变最终的相关性分数，实现加密多关键字搜索。

3. 个性化搜索

大数据和人工智能技术在多领域得到了重要的应用，也延伸到了个性化搜索方向，尤其是深度学习促进了个性化搜索的研究。例如，2016 年，文献[9]提出一种新的潜在语义实体(latent semantic entity, LSE)模型来学习产品和查询的潜在表示，它通过将产品和查询映射在同一语义空间中，直接判别两者之间的关系，该方法在个性化搜索中表现出的性能优于经典的隐含狄利克雷分布(latent Dirichlet allocation，LDA)、Word2Vec 等向量空间模型。文献[10]提出一种分层嵌入模型(hierarchical embedding model，HEM)，该模型在文献[9]的基础上添加了用户偏好，如上下文和用户评论等信息，使个性化性能有所提高。文献[11]面向产品搜索提出一种基于注意力的长短期偏好(attentive long and short-term preference，ALSTP)模型，在用户的长期历史和短期历史中分别提取长期稳定的个人背景和短期的兴趣指向，并结合当前查询引入注意力机制，动态、准确地预测用户当前的购买意图，为用户提供个性化的产品列表。文献[12]提出一种基于评论的嵌入模型(review-based embedding model, REM)，使用 Transformer 网络对当前查询和用户评论进行细粒度动态编码，模型在测试中取得了优异的效果。

6.1.2　实体加密搜寻主要挑战

AIoT 中生成的实体多模态数据具有海量、多源、异构、隐私性强等特征，实现对 AIoT 实体数据的有效隐私保护与共享将有助于推动 AIoT 的深入应用。实体加密搜寻是一种在保证 AIoT 数据隐私的基础上使 AIoT 用户快速、准确地获取实体状态信息的检索技术，其可以通过合理的搜索架构并融合先进技术以适应海量 AIoT 多模态数据的处理、分析与应用，最终为 AIoT 上层应用提供数据服务，因此，实体加密搜寻对于 AIoT 多模态服务技术发展具有重要的研究意义。然而，实体加密搜寻技术的发展仍存在以下诸多挑战。

1. 面向实体加密搜索的系统架构设计

由于 AIoT 实体具有状态时变的特性以及用户对搜索实时性的需求日益增长，海量实体多模态数据给云服务器带来了严重的存储及计算负担，并且云服务器半诚实特性与数据隐私性之间的矛盾日益突出，面向云的系统架构已不再适用于 AIoT 实体搜索。边缘计算的引入改变了集中式的云搜索模式，边缘服务器不仅能减轻云的负担，还可适应快速变化的实体状态，满足多种模式的实时搜索需求，而且由于其部署在本地，仅管理小区域范围内的物理实体，因此通常被认为是诚实可信的，可有效保护实体多模态数据的隐私。因此，云-边-端协同的搜索架构已变成一种流行的范式。

尽管云-边-端协同的系统架构为保证多模态数据实时搜索、保护数据隐私提供了有效途径，但在设计云-边-端协同系统架构时仍面临着资源分配不均、数据缓存分配不合理等诸多挑战，如何根据实体多模态数据特性以及用户搜索模型设计合理的系统架构还亟待进一步研究。

2. 加密个性化方案性能不佳问题

近年来，AIoT 实体搜索在保护多模态数据隐私的基础上，一直致力于搜索功能的扩展，其中，备受关注的热点之一是如何在密文域中提高搜索精度，实现面向不同用户的个性化实体匹配，从而提升用户的搜索体验。个性化可搜索加密方案虽然通过改变查询向量值从理论上实现了个性化的结果排序，但是，基于这种原理的方法没有明确指标衡量个性化性能和用户的满意程度。此外，仅利用关键词历史搜索次数这一特征，难以准确衡量用户个性化搜索意图，而且用户重复查询的关键词数量基数很小，这种特征通常是高度稀疏的，此时个性化将退化为传统搜索，不能为所有用户提供个性化服务，使个性化性能大打折扣。因此，如何在保护数据隐私的前提下，进一步提高实体搜索的个性化性能以提升搜索服务质量、满足用户的搜索需求，还需结合新兴技术进一步改善。

3. 个性化搜索中的数据隐私问题

个性化搜索利用最新的人工智能技术从用户搜索历史中深度挖掘用户偏好及行为特征，对人物性格进行精准画像，从而实现对用户查询的准确语义感知，并结合排序模型对相关结果进行差异化排序，最终实现面向用户的个性化反馈。该方法被认为是提升用户搜索体验的最佳途径。然而，该方法的实施需要基于大数据，海量的实体数据及用户搜索记录完全暴露在不可信的服务器中，将会带来严重的隐私泄露隐患。因此，如何在充分利用个性化搜索技术的同时实现数据隐私保护，设计兼顾隐私性与个性化的实体加密搜寻方案有待进一步探索。

6.2　边云协同的个性化加密搜索系统模型

对于现有的实体加密搜寻技术存在的主要问题，本章给出了一种边云协同的个性化加密搜索方案。本节首先介绍设计的个性化加密搜索系统架构，随后分析实体数据加密搜寻中存在的威胁模型。

6.2.1　个性化加密搜索系统架构设计

传统面向云的搜索模型主要针对静态或者缓慢变化的网页内容，不适用于状态时变的实体多模态数据存储以及用户搜索请求的及时响应。边缘计算可解决面向云的中心式搜索的不足。为了保证搜索系统的实时反馈、数据隐私保护以及搜索精度，本章设计了一种边云协同的个性化加密搜索模型，如图 6.1 所示，由感知层、边缘层、云层及用户构成，各部分功能如下。

（1）感知层：搜索架构中的实体状态数据源，包含物理场景（如工厂、医院、街区、智慧家庭）中的智慧实体及其感知设备（如温湿度传感器、图像传感器、可穿戴设备）所采集的多模态数据，感知设备将采集的实体状态多模态数据上传至相应的网关以接入互联网，为用户提供多模态实体数据。

（2）边缘层：由边缘服务器和网关组成。网关将管辖范围内的实体状态数据周期性上传至相应的边缘服务器中。边缘服务器为具有可观的计算和存储资源的设备，其靠近本地终端用户，可有效降低信息传输时延，保证用户获取信息的实时性。因此，边缘服务器在所设计的搜索模型中承担着重要作用，其不仅负责完成数据实时搜索和数据加解密操作，还需根据历史数据完成实体数据分类和个性化搜索模型训练任务。对于实体数据分类，边缘服务器根据实体状态数据的时变特征，将存储的实体状态数据分为瞬变型数据和缓变型数据，以满足面向边缘的实时搜索和面向云的全局搜索需求。对于个性化搜索模型训练任务，边缘服务器

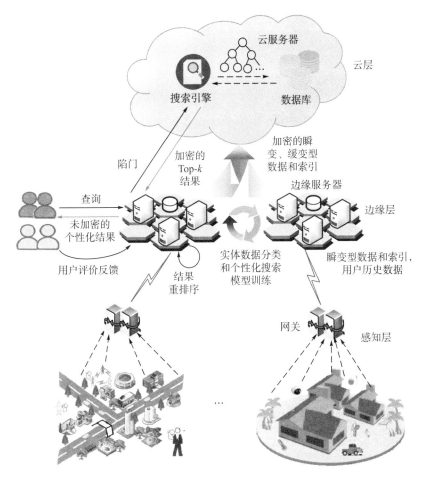

图 6.1　个性化加密搜索系统架构

利用存储在本地的用户历史搜索记录，离线训练本章所提出的时间跨度融合的个性化搜索模型，并且定期更新用户搜索记录以进行模型更新。

（3）云层：云服务器负责完成加密环境下的全局搜索。云服务器存储来自多个边缘服务器的全局实体状态加密数据及实体加密索引，并在接收到陷门（即加密的用户搜索请求）后执行密文域的数据检索，将加密实体结果列表返回至边缘服务器。

（4）用户：通过所持客户端根据自身需求向相应的边缘服务器发起搜索请求，并在接收到实体结果列表后向系统反馈本次搜索服务体验，给出评价或者评分。

综上，尽管现有研究基于实体数据特性设计了边云协同的搜索架构，也有部分研究考虑了实体数据的隐私保护，但是都忽略了搜索服务的个性化。本章设计的搜索模型不仅可以实现数据的实时搜索并保护数据隐私，还设计了个性化搜索方法以反馈用户差异化需求的搜索结果，具体方法将在 6.3 节、6.4 节介绍。

6.2.2　个性化加密搜索系统威胁模型

在 AIoT 实体搜索研究中，由于感知设备资源受限以及为用户提供全局搜索服务的需求，当前搜索架构的设计中需要把实体数据全部外包至云服务器中存储，使云服务器汇聚所有实体信息。云服务器不仅需要承受外部攻击，而且本身是诚实而好奇的，还会自主对内部存储的实体多模态数据展开分析，另外，相互关联的实体数据也可能导致一系列数据隐私的泄露。为了在使用数据的过程中实现数据隐私保护，目前的主流做法是将数据上传到云服务器之前对其全部加密，保证数据在云服务器中为封闭的密文状态。

在设计的搜索架构中，假设边缘服务器是诚实可信的[13]，且假设边缘服务器之间以及边缘服务器和云服务器之间不会进行串谋攻击。云服务器是诚实而好奇的，它可以诚实、正确地执行搜索任务，但却渴望通过推断和分析其存储的数据以及接收的用户搜索请求来获得某些敏感信息。对于面向云搜索的数据隐私保护，本章考虑两种威胁模型：第一种为已知密文模型，云服务器已知上传的加密实体数据、加密索引以及提交的陷门，进行已知密文攻击；第二种为已知背景模型，它在已知密文攻击的基础上，通过推断来获取某些明文数据，例如，通过统计搜索记录中查询关键词的频率并执行频率值统计攻击，从而推断关键词的分布和范围，得出某些明文关键词。因此，本章在 6.4.1 节设计了两种级别的加密方法，分别应对已知密文模型和已知背景模型的攻击。

6.3　时间跨度融合的个性化搜索方法

个性化搜索指的是将用户可能感兴趣的实体信息尽可能排在靠前的位置，使用户快速地获得满意的结果。目前较为热门的研究方法为基于深度学习的思想，通过用户的历史记录(包括历史搜索请求、点击信息、评价信息、评分信息等)挖掘用户的兴趣，根据历史记录特征对当前时刻的查询进行重新表示，改变当前时刻用户搜索请求与候选实体的相关性分数，从而实现不同用户的查询与候选列表的差异化匹配，为用户提供个性化的实体列表[14]。

本节提出的时间跨度融合的个性化搜索 (time span fused personalized searching, TSFPS) 方法综合考虑了用户的长短期偏好和查询意图特征，如图 6.2 所示。首先，使用长期历史和短期历史分别反映用户稳定演变的个人偏好和波动变化的突发需求，分别从用户评论中提取长期特征及短期特征。其次，分别融合相应查询请求以获取长短期历史特征的差异化相关性，准确感知用户的长短期偏好。最后，提取用户历史查询特征进一步增强对当前查询意图的感知。

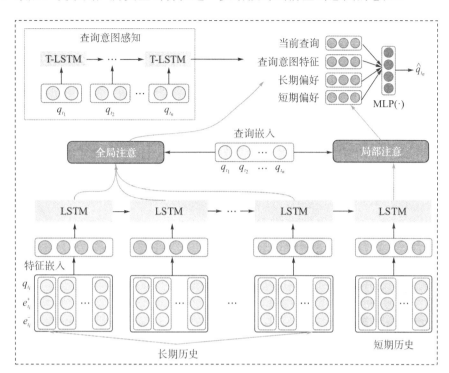

图 6.2　时间跨度融合的个性化搜索模型

T-LSTM 为时间感知的长短期记忆(time-aware long short term memory)；
LSTM 为长短期记忆(long short term memory)

6.3.1　实体评论特征提取

在实体集 $E=\{e_1,e_2,\cdots,e_n\}$ 和用户集 $U=\{u_1,u_2,\cdots,u_s\}$ 中，$\{(q_{t_1},e_{t_1}),(q_{t_2},e_{t_2}),\cdots,(q_{t_{n-1}},e_{t_{n-1}})\}$ 表示用户 u 的历史搜索记录，其中，二元组 (q_{t_i},e_{t_i}) 中的 q_{t_i} 表示用户 u 在 t_i 时刻发起的查询请求表示，$e_{t_i}=\{e_{t_i}^+,e_{t_i}^-\}$，$e_{t_i}^+$ 表示用户在候选实体列表中点击的实体(正样本)，$e_{t_i}^-$ 表示候选实体列表中用户未点击的其他实体(负样本)，可见，用户点击的实体最符合用户当前的需求。令 $\{(q_{t_1},e_{t_1}),(q_{t_2},e_{t_2}),\cdots,(q_{t_{n-l-1}},e_{t_{n-l-1}})\}$ 表示用户 u 的长期历史，$\{(q_{t_{n-l}},e_{t_{n-l}}),\cdots,(q_{t_{n-1}},e_{t_{n-1}})\}$ 表示用户 u 的短期历史，使用 q_{t_n} 表示用户 u 当前时刻的查询。假设用户搜索实体后，会给服务器一个搜索体验的评价反馈。本节使用历史评论增强当前查询表示。

首先将查询 q_{t_i} 和实体评论 e_{t_i} 嵌入同一语义空间中，如下：

$$q_{t_i}=\phi(Wq_{t_i}+b) \tag{6.1}$$

$$e_{t_i} = \phi(We_{t_i} + b) \tag{6.2}$$

式中，$\phi(\cdot)$ 为指数线性单元（exponential linear units，ELU）激活函数；$q_{t_i}, e_{t_i} \in \mathbb{R}^k$；$W$、$b$ 分别为权重参数与偏置参数；$W \in \mathbb{R}^{k \times k}$；$b \in \mathbb{R}^k$。

对于用户短期历史 $\{(q_{t_{n-l}}, e_{t_{n-l}}), \cdots, (q_{t_{n-1}}, e_{t_{n-1}})\}$，使用 LSTM 网络深度提取隐藏高维特征，如下：

$$h_t = o_t \odot \tanh(C_t) \tag{6.3}$$

式中，C_t 为当前记忆：

$$C_t = f_t \odot C_{t-1}^* + i_t \odot \widetilde{C} \tag{6.4}$$

f_t、i_t、o_t 分别表示遗忘门、输入门和输出门，如下：

$$f_t = \sigma(W_f x_t + U_f h_{t-1} + b_f) \tag{6.5}$$

$$i_t = \sigma(W_i x_t + U_i h_{t-1} + b_i) \tag{6.6}$$

$$o_t = \sigma(W_o x_t + U_o h_{t-1} + b_o) \tag{6.7}$$

式中，W_f、U_f、W_i、U_i、W_o 与 U_o 分别表示获取遗忘门 f_t、输入门 i_t 和输出门 o_t 时对应的模型权重参数；b_f、b_i 与 b_o 分别表示对应的模型偏置参数；$\sigma(\cdot)$ 为激活函数。

C_{t-1}^*、$\widetilde{C}$ 分别表示 LSTM 中的候选记忆和经过调整后的先前记忆：

$$C_{t-1}^* = C_t^T + C_t^S \tag{6.8}$$

$$\widetilde{C} = \tanh(W_c x_t + U_c h_{t-1} + b_c) \tag{6.9}$$

式 (6.8) 中的短期记忆细胞 C_{t-1}^S 和长期记忆细胞 C_{t-1}^T 由式 (6.10)、式 (6.11) 得到

$$C_{t-1}^S = \tanh(W_d C_{t-1} + b_d) \tag{6.10}$$

$$C_{t-1}^T = C_{t-1} - C_{t-1}^S \tag{6.11}$$

以评论表示 e_{t_i} 作为输入，得到用户短期历史的高维隐藏向量表示，即短期实体评论特征 $H^s = \{h_{t_{n-l}}^s, h_{t_{n-l+1}}^s, \cdots, h_{t_{n-1}}^s\}$。

对于长期实体评论特征 $H^l = \{h_{t_1}^l, h_{t_2}^l, \cdots, h_{t_{n-1}}^l\}$，由于长期历史可以看作由多个短期历史构成的，使用短期实体评论特征迭代更新长期实体评论特征，如下：

$$h_{t_i}^l = \beta h_{t_i}^l + (1-\beta) h_{t_i}^s \tag{6.12}$$

式中，$h_{t_{i-1}}^l$、$h_{t_{i-1}}^s$ 分别表示上一时刻的长期实体评论特征和短期实体评论特征；β 表示更新率。

6.3.2　用户个性化偏好感知

为了增强实体评论对用户偏好的表达，本章结合相应的历史查询进一步获取用户历史和当前查询的相关性，实现用户个性化偏好感知。具体来说，用户

历史查询对当前查询的帮助是不同的，与当前查询相似的历史查询更能反映当前的搜索意图。因此，可通过多头注意力机制突出不同历史查询的相关性，然后，对长短期特征进行加权融合。本章利用多头注意力机制 MultiHeadAtt(·) 获取短期历史查询 $\{\boldsymbol{q}_{t_{n-l}}, \cdots, \boldsymbol{q}_{t_{n-1}}\}$ 对于当前查询 $\boldsymbol{q}_{t_n}$ 的注意力分数 $a_{q_{t_i}}$，如式 (6.13)、式 (6.14) 所示：

$$a_{q_{t_i}} = \phi(\text{MultiHeadAtt}(\boldsymbol{q}_{t_n}, \boldsymbol{q}_{t_i})) \tag{6.13}$$

$$\phi(\alpha_i) = \text{softmax}(\alpha_i) = \frac{\exp(\alpha_i)}{\sum \exp(\alpha_j)} \tag{6.14}$$

因此，短期历史查询 $\{\boldsymbol{q}_{t_{n-l}}, \cdots, \boldsymbol{q}_{t_{n-1}}\}$ 的注意力分数为 $\boldsymbol{a}_q^s = [a_{q_{t_{n-l}}}^s, a_{q_{t_{n-l+1}}}^s, \cdots, a_{q_{t_{n-1}}}^s]$，随后利用每个注意力分数对历史评论特征加权，最终用户短期历史偏好表示为

$$\boldsymbol{P}^s = \sum_{i=n-l}^{i=n-1} a_{q_{t_i}}^s \boldsymbol{h}_{q_{t_i}}^s \tag{6.15}$$

同理，可得长期历史查询的全局注意力分数 $\boldsymbol{a}_q^l = [a_{q_{t_1}}^l, a_{q_{t_{n-l+1}}}^l, \cdots, a_{q_{t_{n-1}}}^l]$，最后，用户长期历史偏好表示为

$$\boldsymbol{P}^l = \boldsymbol{H}^l \odot \boldsymbol{a}_q^l \tag{6.16}$$

6.3.3　时间衰减的个性化排序

实体评论中只包含用户获取实体后的搜索体验，没有包含明确的搜索意图，只使用实体评论特征不足以准确地表达用户偏好，而搜索请求可直观地表达用户意图，提取用户的查询特征可更加准确地表达用户偏好。用户搜索具有突发性和非周期性的特点，历史查询可看作非等间隔的时间序列，历史查询之间携带的时间间隔信息也可影响搜索意图，如用户搜索"家中室温"后，可能马上就会搜索"家中湿度"，这种时间间隔较小的查询历史之间具有更强的联系。因此，本章捕捉这种细粒度的变化以增强对用户搜索意图的感知。T-LSTM 网络是一种针对不同时间间隔的时间序列神经网络，为了平滑查询时间间隔大小的影响，本章重构 LSTM 结构以形成 T-LSTM。具体来说，将式 (6.10) 的短期记忆细胞更新为

$$\widehat{\boldsymbol{C}}_{t-1}^S = \boldsymbol{C}_{t-1}^S \odot g(\varDelta_t) \tag{6.17}$$

式中，$g(\varDelta_t) = 1/\ln(e + \varDelta_t)$ 为时间折扣因子，$\varDelta_t$ 为时间间隔，e 为无理数。

将用户 u 的历史查询 $\{\boldsymbol{q}_{t_1}, \boldsymbol{q}_{t_2}, \cdots, \boldsymbol{q}_{t_{n-1}}\}$ 输入 T-LSTM，得到其高维的查询意图特征 $\boldsymbol{Q} = \{\boldsymbol{h}_{t_1}^q, \boldsymbol{h}_{t_2}^q, \cdots, \boldsymbol{h}_{t_{n-1}}^q\}$。

接下来，通过多层感知机后将用户长期历史偏好 $\boldsymbol{P}^l$ 和短期历史偏好 $\boldsymbol{P}^s$ 以及查询意图特征 $\boldsymbol{h}_{t_{n-1}}^q$ 与当前查询 $\boldsymbol{q}_{t_n}$ 融合，得到增强的当前查询表示 $\hat{\boldsymbol{q}}_{t_n}$，如下：

$$\hat{\boldsymbol{q}}_{t_n} = \text{MLP}(\boldsymbol{P}^l, \boldsymbol{P}^s, \boldsymbol{h}_{t_{n-1}}^q, \boldsymbol{q}_{t_n}) \tag{6.18}$$

然后，使用余弦相似度计算当前增强查询 $\hat{\boldsymbol{q}}_{t_n}$ 与实体 $\boldsymbol{e}_i$ 的相关性，如下：

$$S(\hat{\boldsymbol{q}}_{t_n}, \boldsymbol{e}_i) = \frac{\hat{\boldsymbol{q}}_{t_n} \cdot \boldsymbol{e}_i}{|\hat{\boldsymbol{q}}_{t_n}| \cdot |\boldsymbol{e}_i|} \tag{6.19}$$

最后，采用成对的方式对模型进行训练优化，将用户点击的实体作为正样本 $\boldsymbol{e}_i^+$，随机选择五个其他实体作为负样本 $\boldsymbol{e}_i^-$，计算每个实体匹配的相关性分数，优化目标为最大化正样本得分和负样本得分的差值，如式(6.20)所示：

$$\text{Loss} = -\log_2(\sigma(S^+(\hat{\boldsymbol{q}}_{t_n}, \boldsymbol{e}_i) - S^-(\hat{\boldsymbol{q}}_{t_n}, \boldsymbol{e}_i))) + \lambda(\|\Theta\|^2) \tag{6.20}$$

式中，λ 为优化正则项；Θ 为模型所有的参数；$\sigma(\cdot)$ 为 Sigmoid 激活函数。

根据以上步骤，多轮训练后即可得到最佳的个性化搜索模型，算法 6.1 总结了本章所提方法的流程。服务器周期性地根据新的历史记录更新该模型，为用户提供个性化服务。

算法 6.1：时间跨度融合的个性化搜索方法

输入：按时间排列的搜索历史记录 $\{(q_{t_1}, e_{t_1}), (q_{t_2}, e_{t_2}), \cdots, (q_{t_{n-1}}, e_{t_{n-1}})\}$

输出：用户短期历史偏好 $\boldsymbol{P}^s$，用户长期历史偏好 $\boldsymbol{P}^l$，
查询意图特征 $\boldsymbol{Q}$，当前查询 $\boldsymbol{q}_{t_n}$ 以及增强当前查询表示 $\hat{\boldsymbol{q}}_{t_n}$

1: 初始化所有参数 Θ
2: **for** 每个用户 u **do**
3:   **for** 搜索历史记录 $\{(q_{t_{n-l}}, e_{t_{n-l}}), \cdots, (q_{t_{n-1}}, e_{t_{n-1}})\}$ **do**
4:     将用户长期历史偏好 $\boldsymbol{P}^l$ 初始化为 0；
5:     将 q_{t_i}、e_{t_i} 映射到同一语义空间中形成 $\boldsymbol{q}_{t_i}$、$\boldsymbol{e}_{t_i}$
6:     提取长期实体评论特征 $\boldsymbol{H}^s$
7:     更新长期实体评论特征 $\boldsymbol{H}^l$
8:     计算局部和全局的注意力权重 $\boldsymbol{a}_q^s$、$\boldsymbol{a}_q^l$
9:     获取短期和长期历史偏好 $\boldsymbol{P}^s$、$\boldsymbol{P}^l$
10:    提取查询意图特征 $\boldsymbol{Q}$
11:    提取特征并计算相关性分数
12:    **for** 每个采样的负样本 **do**
13:     计算训练损失；
14:     更新所有参数 Θ
15:    **end for**
16:   **end for**
17: **end for**

6.4　边云协同的个性化实体加密搜索方法

本节将详细介绍提出的边云协同的个性化实体加密搜索 (edge-cloud collaborative personalized entity encryption search，ECPES) 方法，首先介绍用户查

询与实体间的安全搜索匹配方法，随后总结边云协同的个性化安全搜索流程。

6.4.1　个性化实体搜索匹配方法

当用户发起查询请求时，搜索引擎通过索引方式搜索实体，同时对实体计算相关性分数以实现对相关实体的筛选，并按照相关性分数大小的排序依次返回给用户。根据文献[4]，AIoT 实体信息可以分为静态属性和动态属性，静态属性为描述实体的唯一标识符、类别、名称、功能描述等静态信息，动态属性为传感设备观测的当前时刻的实体状态数据输出。通常情况下，用户会输入实体的类别关键词来搜索该实体状态，因此，本章利用实体静态属性关键词与用户查询请求进行相关性匹配，搜索过程采用文献[6]中的平衡二叉树索引方法，随后通过最佳匹配 25（best matching 25，BM25）方法计算相关性分数。

边缘服务器将实体集 E 中的实体静态属性抽象为关键词，构成全局索引关键词字典集合 $W = \{w_1, w_2, \cdots, w_m\}$，将 W_{e_i} 表示为实体 e_i 的属性关键词集合，$W_{e_i} \subset W$。将 $W_{q_{t_n}}$ 表示为用户当前时刻查询的关键词字典，$W_{q_{t_n}} \subset W$。本节通过 BM25 方法计算当前查询和候选实体的相关性分数，它是在 TF-IDF 规则基础上改进的一种基于词频统计的方法。具体匹配方法如式(6.21)~式(6.25)所示。

实体 e_i 的索引向量可表示为 $\boldsymbol{I}_{e_i} = [\mathrm{TF}_{w_{q_1}}, \mathrm{TF}_{w_{q_2}}, \cdots, \mathrm{TF}_{w_{q_m}}]$，其中，$\mathrm{TF}_{w_{q_m}}$ 值表示关键词 w_{q_m} 加权的频率统计，$w_{q_m} \in W_{q_{t_n}}$，如式(6.21)所示：

$$\mathrm{TF}_{w_{q_m}} = \frac{n_{w_{q_m}}^{e_i}(k_1 + 1)}{n_{w_{q_m}}^{e_i} + k_1(1 - b + b|W_{e_i}| / \frac{1}{n}\sum |W_{e_i}|)} \tag{6.21}$$

式中，$n_{w_{q_m}}^{e_n}$ 为实体 e_i 包含查询关键字 w_{q_m} 的数量；k_1、b 为参数常数项；$|W_{e_i}|$ 为实体 e_i 属性集的长度。然后对 $\mathrm{TF}_{w_{q_m}}$ 进行归一化，如式(6.22)所示：

$$\mathrm{TF}_{w_{q_m}} = \frac{\mathrm{TF}_{w_{q_m}}}{\sqrt{\sum_{w_{q_m} \in W_{e_i}} (\mathrm{TF}_{w_{q_m}})^2}} \tag{6.22}$$

当前时刻的用户查询向量表示为 $\boldsymbol{q}_{Tn} = [\mathrm{IDF}_{w_{q_1}}, \mathrm{IDF}_{w_{q2}}, \cdots, \mathrm{IDF}_{w_{q_m}}]$，查询关键词 w_{q_m} 的 IDF 值计算方法如下：

$$\mathrm{IDF}_{w_{q_m}} = \ln \frac{n - n_{w_{q_m}} + 0.5}{n_{w_{q_m}} + 0.5} \tag{6.23}$$

式中，$n_{w_{q_m}}$ 表示包含查询关键字 w_{q_m} 的实体数量；n 为实体集合数量。同理，对 $\mathrm{IDF}_{w_{q_m}}$ 进行归一化得

$$\text{IDF}_{w_{q_m}} = \frac{\text{IDF}_{w_{q_m}}}{\sqrt{\sum\limits_{w_{q_m} \in W_{q_{t_n}}} (\text{IDF}_{w_{q_m}})^2}} \tag{6.24}$$

因此，当前查询 $\boldsymbol{q}_{t_n}$ 与候选实体 e_i 的相关性分数表示为

$$S_{\text{BM25}}(\boldsymbol{q}_{t_n}, e_i) = \boldsymbol{I}_{e_i} \cdot \boldsymbol{q}_{t_n} = \sum_{w_{q_m} \in W_{q_{t_n}}} \text{TF}_{w_{q_m}} \cdot \text{IDF}_{w_{q_m}} \tag{6.25}$$

为了实现搜索过程中对实体数据和用户查询的隐私保护，边缘服务器运行安全 K 近邻 (K-nearest neighbor，KNN) 算法对索引向量和查询向量进行加密，步骤如下。

(1) 系统初始化：边缘服务器初始化密钥集 $\text{SK} = \{\boldsymbol{S}, \boldsymbol{M}_1, \boldsymbol{M}_2\}$，其中 $\boldsymbol{S}$ 是一个随机初始化的 $m$bit 二进制向量，$\boldsymbol{M}_1$、$\boldsymbol{M}_2$ 是 $m \times m$ 的互逆矩阵，其维度与字典维度相同。

(2) 生成加密索引与陷门：索引向量 $\boldsymbol{I}_{e_i}$ 和查询向量 $\boldsymbol{q}_{t_n}$ 可分别与密钥 $\boldsymbol{M}_1$、$\boldsymbol{M}_2$ 做矩阵运算实现加密，但攻击者可多次发送查询，从而推断密钥 $\boldsymbol{M}_1$、$\boldsymbol{M}_2$，随后得到明文数据。因此，设置随机向量 $\boldsymbol{S}$ 对索引和查询进行分片，索引向量 $\boldsymbol{I}_{e_i}$、查询向量 $\boldsymbol{q}_{t_n}$ 被随机拆分成两个向量 $\boldsymbol{I}'_{e_i}$、$\boldsymbol{I}''_{e_i}$ 和 $\boldsymbol{q}'_{t_n}$、$\boldsymbol{q}''_{t_n}$。分片规则为：当 $\boldsymbol{S}[j] = 1$ 时，使 $\boldsymbol{I}'_{e_i} = \boldsymbol{I}''_{e_i} = \boldsymbol{I}_{e_i}$，$\boldsymbol{q}'_{t_n} + \boldsymbol{q}''_{t_n} = \boldsymbol{q}_{t_n}$；当 $\boldsymbol{S}[j] = 0$ 时，使 $\boldsymbol{I}'_{e_i} + \boldsymbol{I}''_{e_i} = \boldsymbol{I}_{e_i}$，$\boldsymbol{q}'_{t_n} = \boldsymbol{q}''_{t_n} = \boldsymbol{q}_{t_n}$，则加密索引向量 $\tilde{\boldsymbol{I}}_{e_i} = \{\boldsymbol{M}_1^{\mathrm{T}} \boldsymbol{I}'_{e_i}, \boldsymbol{M}_2^{\mathrm{T}} \boldsymbol{I}'_{e_i}\}$，陷门 $\hat{\boldsymbol{q}}_{t_n} = \{\boldsymbol{q}_1^{-1} \boldsymbol{q}'_{t_n}, \boldsymbol{M}_2^{-1} \boldsymbol{q}''_{t_n}\}$，该方法可抵御已知密文攻击。

(3) 增强隐私性：为了抵御已知背景攻击，将 $\boldsymbol{M}_1$、$\boldsymbol{M}_2$ 的维度扩展到 $(m + m') \times (m + m')$，其中 m' 是扩展的幻影项。随后将索引向量 $\boldsymbol{I}_{e_i}$ 和查询向量 $\boldsymbol{q}_{t_n}$ 都扩展到 $m + m'$ 维，其中扩展的 $\boldsymbol{I}'_{e_i}$、$\boldsymbol{I}''_{e_i}$ 中 m' 个元素设置为随机数，查询向量 $\boldsymbol{q}_{t_n}$ 拆分之后的 $\boldsymbol{q}'_{t_n}$ 中 m' 个元素设置为 1，$\boldsymbol{q}''_{t_n}$ 中 m' 个元素设置为 0。

至此，边缘服务器完成了对索引和查询的加密，在密文中，加密索引 $\tilde{\boldsymbol{I}}_{e_i}$ 与陷门 $\tilde{\boldsymbol{q}}_{t_n}$ 的点积计算结果即等于明文状态下实体 e_i 与查询 $\boldsymbol{q}_{t_n}$ 的 BM25 分数，推导过程如下：

$$\begin{aligned}
\tilde{\boldsymbol{I}}_{e_i} \cdot \hat{\boldsymbol{q}}_{t_n} &= \{\boldsymbol{M}_1^{\mathrm{T}} \boldsymbol{I}'_{e_i}, \boldsymbol{M}_2^{\mathrm{T}} \boldsymbol{I}''_{e_i}\} \cdot \{\boldsymbol{M}_1^{-1} \boldsymbol{q}'_{t_n}, \boldsymbol{M}_2^{-1} \boldsymbol{q}''_{t_n}\} \\
&= (\boldsymbol{M}_1^{\mathrm{T}} \boldsymbol{I}'_{e_i}) \cdot (\boldsymbol{M}_1^{-1} \boldsymbol{q}'_{t_n}) + (\boldsymbol{M}_2^{\mathrm{T}} \boldsymbol{I}''_{e_i}) \cdot (\boldsymbol{M}_2^{-1} \boldsymbol{q}''_{t_n}) \\
&= (\boldsymbol{M}_1^{\mathrm{T}} \boldsymbol{I}'_{e_i})^{\mathrm{T}} (\boldsymbol{M}_1^{-1} \boldsymbol{q}'_{t_n}) + (\boldsymbol{M}_2^{\mathrm{T}} \boldsymbol{I}''_{e_i})^{\mathrm{T}} (\boldsymbol{M}_2^{-1} \boldsymbol{q}''_{t_n}) \\
&= \boldsymbol{I}'_{e_i} \cdot \boldsymbol{q}'_{t_n} + \boldsymbol{I}''_{e_i} \cdot \boldsymbol{q}''_{t_n} \\
&= \boldsymbol{I}_{e_i} \cdot \boldsymbol{q}_{t_n} \\
&= S_{\text{BM25}}(\boldsymbol{q}_{t_n}, e_i)
\end{aligned} \tag{6.26}$$

在搜索过程中，服务器根据相关性分数大小 $S_{\text{BM25}}(\boldsymbol{q}_{t_n}, e_i)$ 依次对候选实体进

行排序，召回 Top-k 实体。

6.4.2 边云协同的个性化安全搜索

为了便于描述整体的边云协同搜索过程，本章将其分为离线数据上传阶段和在线用户搜索阶段，如图 6.3 所示。在离线数据上传阶段，边缘服务器首先初始化加密密钥，并对接收的实体数据进行预处理，即提取实体的静态属性和动态属性，根据实体的静态属性构建实体索引并将其加密上传到云服务器中，将动态属性分为瞬变型数据和缓变型数据，然后，使用对称加密算法加密上传到云服务器中存储。此外，边缘服务器将会离线训练本节提出的 TSFPS 模型。

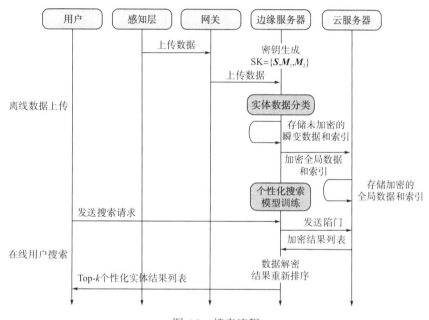

图 6.3 搜索流程

在在线用户搜索阶段，边缘服务器和云服务器可分别为用户提供实时搜索和全局搜索服务。用户首先向本地边缘服务器发起搜索请求，边缘服务器分析用户所需实体数据的缓存位置，如果缓存在本地边缘服务器中，则边缘服务器基于 6.4.1 节中的 BM25 匹配方法对候选实体进行搜索匹配并召回相关实体结果列表，并利用 TSFPS 模型对列表重新排序，将 Top-k 个性化实体结果列表返回给用户；如果用户所需的实体数据缓存在云服务器中，则本地边缘服务器向云服务器发送陷门，云服务器基于 BM25 方法及安全 KNN 算法将加密实体结果列表召回并返回至相应的边缘服务器中，由边缘服务器对实体结果列表中的数据进行解密，并运行 TSFPS 模型对实体结果列表重新排序，为用户返回 Top-k 个性化结果。

6.5　实体加密搜寻算法性能验证

6.5.1　仿真环境设置

本章利用合成数据集验证提出的方法，使用三种物理实体数据集及其元数据集[15]，分别为 Kindle Store、Home and Kitchen、Patio Lawn and Garden，它们统计了 1996 年 5 月～2014 年 7 月的五次以上的用户评论以及实体信息，其中包括用户 ID、实体唯一标识符、匿名的用户名称、用户评论、评论时间，元数据集中包括实体唯一标识符、实体名称、实体类别以及实体的静态属性描述。本章为实体随机分配地理位置及状态信息，并进行过滤稀疏历史数据、构建用户查询和静态属性关键词字典、去停词等数据预处理，表 6.1 为处理后的数据集统计信息。在个性化搜索模型 TSFPS 训练中，使用 Xavier 方法初始化模型参数，使用随机梯度下降对模型进行优化，采用 Word2Vec 模型将文本信息转化为向量表示，嵌入维度在[16,32,64,128,256,512]中选取，最终为三个数据集分别选择使性能达到最优的参数值；最大训练轮数为 100；学习率根据训练轮数的增长动态调整，初始值设为 1.0×10^{-3}，每五轮学习率降为原来的一半。利用 Python 和 C 语言编程，仿真环境为 Linux 系统，Intel®Core™i9-10900K 处理器，3.70GHz，20GB 内存，图形处理器(graphics processing unit，GPU)为 2080Ti。

表 6.1　处理后的数据集统计信息

数据集	用户数量	实体数量	评论数量	查询数量
Kindle Store	26555	61761	718617	2007
Home and Kitchen	13694	27292	226503	878
Patio Lawn and Garden	334	863	5041	227

为了衡量 TSFPS 算法在个性化排序方面的性能，本章使用命中率(hit ratio，HR)、平均倒数排名(mean reciprocal rank，MRR)、归一化折损累积增益(normalized discounted cumulative gain，NDCG)等排序指标验证实体反馈列表在 Top-k 时表现出的排序精度(本章选取 k=20)。HR@20 为用户点击的实体(即正样本)在前 20 个实体列表中所占的比例，如下：

$$\text{HR}@20 = \frac{1}{|U|}\sum_{u \in U}\text{II}(\text{hit}_u) \tag{6.27}$$

式中，$\text{II}(\text{hit}_u)$ 为指示函数，若用户 u 对应的正样本命中于召回的 Top-20 结果列表中，则 $\text{II}(\text{hit}_u)=1$；否则为 0。

MRR@20 为用户点击实体排序位置的倒数，用户点击的实体排序的位置越靠前，表明排序性能越好，如下：

$$\text{MRR}@20 = \frac{1}{|U|} \sum_{u \in U} \frac{1}{\text{rank}_u} \tag{6.28}$$

式中，rank_u 为用户 u 的正样本在结果列表中的排序位置。

NDCG@20 综合考虑了前 20 个结果列表中正样本的位置和相关性，由于每个用户的正样本个数为 1，则 NDCG 可以在简化后计算得到，如下：

$$\text{NDCG}@20 = \frac{1}{|U|} \sum_{u \in U} \frac{\text{II}(\text{hit}_u)}{\log_2(\text{rank}_u + 1)} \tag{6.29}$$

6.5.2　仿真结果分析

1. 个性化搜索模型性能

为了验证 TSFPS 模型的有效性，本章将 TSFPS 与前文所提算法进行对比，其中 BM25 是一种基于频率统计的非个性化词袋模型，本章将其作为基线召回相关实体列表。

对比结果如表 6.2 所示。由表 6.2 可知，TSFPS 模型在 Home and Kitchen 和 Patio Lawn and Garden 数据集中个性化排序性能优于对比算法。这是由于 TSFPS 模型中 LSTM 网络在提取特征方面具有优势，且查询意图感知特征也可增强当前的查询表示。而学习映射函数的 LSE、HEM 方法以及细粒度注意的 REM 方法表现性能较差的原因在于数据集上下文信息特征稀疏，这些模型未能学到准确的向量表示。对于 Kindle Store 数据集，TSFPS 模型性能优于前四种模型而低于 REM，这是因为 REM 采用了多层 Transformer 网络，其在面对丰富的上下文信息时具有优秀的注意力，而 Kindle Store 数据集中 70 万余条的用户数据恰好为 REM 提供了丰富的语义环境，而本章方法只用了一层注意网络，相较于 REM 未能挖掘出更加准确的特征。

表 6.2　个性化排序性能对比

模型	Kindle Store			Home and Kitchen			Patio Lawn and Garden		
	HR	MRR	NDCG	HR	MRR	NDCG	HR	MRR	NDCG
BM25	0.020	0.013	0.014	0.125	0.032	0.033	0.361	0.125	0.174
LSE	0.025	0.007	0.007	0.079	0.007	0.011	0.500	0.079	0.167
HEM	0.032	0.019	0.018	0.026	0.008	0.011	0.502	0.167	0.250
ALSTP	0.043	0.010	0.017	0.305	0.103	0.147	0.817	0.352	0.455
REM	0.064	0.028	0.031	0.432	0.121	0.196	0.835	0.313	0.430
TSFPS	0.049	0.012	0.025	0.466	0.130	0.210	0.877	0.420	0.522

2. 消融实验

图 6.4(a)～图 6.4(c)分别表示 TSFPS 方法在三个数据集中消融每种特征后表现的性能。消融每种特征的排序性能相较于整体方法都有所降低，因此可证明长期偏好、短期偏好和查询意图特征的有效性。每种特征对于三种数据集的影响略有不同。对于 Kindle Store 数据集，短期偏好对排序性能影响最大，由于用户历史记录过于丰富，短期记录可准确表明短时间内用户的突发偏好，而长期偏好特征和查询意图特征将引起信息冗余。对于 Home and Kitchen 数据集，长期偏好对排序性能影响最大，Home and Kitchen 中用户本身具有明显长期稳定的偏好或需求。在 Patio Lawn and Garden 数据集中，查询意图特征起到了重要作用，原因在于分别提取长期和短期偏好不如综合考虑两种因素，因此作用效果最好。此外，实验证明时间间隔因子对用户搜索意图感知具有一定作用，验证了前文提出的假设。

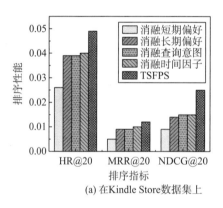
(a) 在 Kindle Store 数据集上

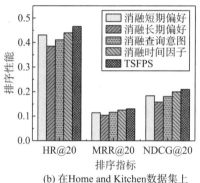
(b) 在 Home and Kitchen 数据集上

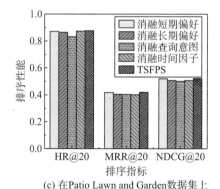
(c) 在 Patio Lawn and Garden 数据集上

图 6.4   消融实验

3. 实验参数分析

1) 滑动窗口大小

图 6.5(a)～图 6.5(c)给出了滑动窗口的大小(即短期记录的长度)对于 TSFPS 性能的影响。当窗口大小为 3 或 4 时，三种排序指标在三个数据集上表现相对较好。窗口大小为 3 时，Home and Kitchen 和 Kindle Store 两种数据集的三种排序性能达到最佳，随后平稳降低，而对于 Patio Lawn and Garden 数据集，滑动窗口为 4 时 MRR@20 与 NDCG@20 指标达到最优，而 HR@20 指标达到次优。当滑动窗口持续增大时，排序性能逐渐降低，这是因为滑动窗口过大时将导致短期历史过长，不能准确提取短期历史偏好。综合考虑，本章选择滑动窗口大小为 3。

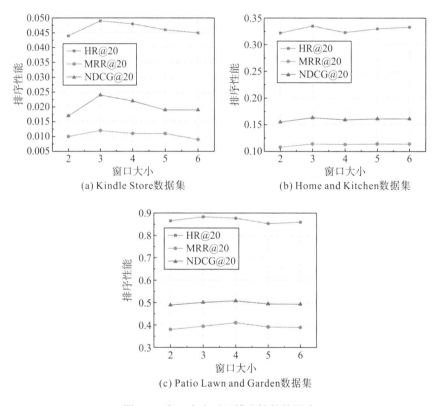

(a) Kindle Store数据集　　　　(b) Home and Kitchen数据集

(c) Patio Lawn and Garden数据集

图 6.5　窗口大小对于排序性能的影响

2) 模型嵌入维度

图 6.6(a)～图 6.6(c)表示模型的嵌入维度大小在三种数据集上表现的 NDCG@20 性能，HR@20 和 MRR@20 具有相似的趋势。综合来看，TSFPS 模型与其他对比算法具有类似的趋势，随着嵌入维度的增大，NDCG@20 逐渐增

大，随后有所降低，因为嵌入维度过大将导致模型过拟合，从而使模型性能有所损失。本章分别为三种数据集选择了最优的嵌入维度。此外，HEM 和 LSE 算法在 Home and Kitchen 数据集中表现出非常差的性能，原因可能是两种模型使用随机分片的测试数据，在测试过程中点击的实体不能出现在召回列表中，导致排序性能较差。

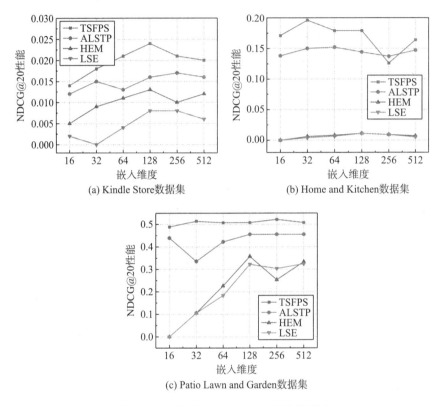

(a) Kindle Store数据集　　　(b) Home and Kitchen数据集

(c) Patio Lawn and Garden数据集

图 6.6　嵌入维度对 NDCG@20 性能的影响

4. ECPES 方案性能验证

本节通过加密时间、搜索时间、搜索精度三方面验证本章所提的 ECPES 方案的性能，以数据集 Home and Kitchen 为例，本章使用文献[6]的方法通过平衡二叉树构建实体索引，以满足基础搜索流程，并基于安全 KNN 算法对实体索引加密。首先使用 BM25 召回 100 个实体列表，随后对这 100 个实体重新排序，观察 ECPES 的搜索时间和搜索精度在 Top-20 中的排序性能。将 ECPES 方法与文献[4]中带有隐私保护的边云协同实体搜索方案 (edge-cloud collaborative entity search method with privacy protection, EC-ESMP) 和文献[6]中的基本动态多关键字排序搜索 (basic dynamic multi-keyword ranked search, BDMRS) 方案对比，其中

EC-ESMP 利用了边云协同搜索架构，而 BDMRS 方案只面向云端搜索。

1）加密时间

图 6.7 显示了在边缘服务器中为抵御密文攻击的 ECPES 方案以及为抵御背景攻击的 ECPES 方案构建加密索引所需的时间，取程序运行 10 次的平均值。可见，索引加密时间随着实体属性集数量或关键词数量的增加几乎呈线性增长，而抵御背景攻击的 ECPES 方案加密时间比抵御密文攻击的 ECPES 方案消耗的加密时间更长，这是因为扩展部分的幻影项增加了加密时间，但是也提高了实体索引的隐私性。图 6.8 显示了边缘服务器生成陷门的时间，其几乎也随着字典的大小而线性增加。虽然加密时间随着实体属性数量或者字典大小呈线性增长，但是边缘服务器的加密操作是离线进行的，不会影响用户在线的搜索时间。

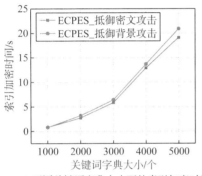

(a) 不同关键词字典大小下的索引加密时间　(b) 不同实体属性数量下的索引加密时间

图 6.7　构建加密索引的时间

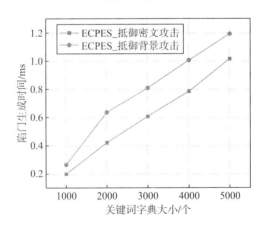

图 6.8　不同关键词字典大小下的陷门生成时间

2）搜索时间

图 6.9 分析了 ECPES、BDMRS、EC-ESMP 的平均搜索时间，对于 ECPES

和 EC-ESMP 方案，面向边缘的搜索时间都远小于面向云的搜索时间，这可以保证实体瞬时数据的新鲜度以及用户获取信息的实时性。本章所提的 ECPES 面向云的搜索时间大于 BDMRS 的搜索时间，这是因为 ECPES 在召回基础相关列表后需要运行训练好的个性化实体搜索模型，对结果列表重新排序，因此增加了重新排序的时间。对于 EC-ESMP 方案，面向云和面向边缘的搜索时间都远小于本章的 ECPES 和 BDMRS，这是因为 EC-ESMP 使用了聚类平衡二叉树，将相似实体聚类在同一棵二叉树上，缩小了索引范围，极大地节省了搜索时间。

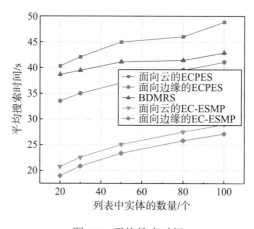

图 6.9　平均搜索时间

3）搜索精度

本章采用排序指标来衡量搜索精度，即排序指标越大，则说明搜索精度越高。图 6.10(a) 显示了不同召回实体数量下的命中率 $HR@k$（嵌入维度为 256），可见，随着召回数量的增加，相关实体在列表中的概率也会增加，三种方法的 HR 逐渐增大。ECPES 的 HR 性能远远高于其他两种方法，这是因为 ECPES 方法经过个性化重新排序，可以充分理解用户当前的搜索意图，极大地提高了相关实体的命中率，而其他两种方案为传统的非个性化搜索方法，只使用了用户当前查询与候选实体进行相似度匹配，导致 HR 性能表现不好。此外，EC-ESMP 由于聚类搜索导致某些相关实体丢失，影响搜索精度，HR 较低。

图 6.10(b) 显示了三种方法在不同用户历史评论数量下的 NDCG 性能，当用户历史记录分别为 [3,4,5,6,7,8,9] 时，构成的用户 - 查询对分别为 [861,848,838,824,808,783,776]。仿真表明，ECPES 在排序性能上显著优于其他两种方法。当用户评论数量为 3～6 时，ECPES 方案的 NDCG@20 性能有所波动，原因在于历史评论数量过少，不能充分挖掘用户兴趣，且直接影响用户长期历史和短期历史的划分，使两者自相矛盾，导致不能稳定利用长短期特征。但是，随着用户评论数量的增加，ECPES 方法的 NDCG@20 性能逐渐提高，说明可以充

分利用用户历史评论来提高个性化性能，提高搜索精度。BDMRS 和 EC-ESMP

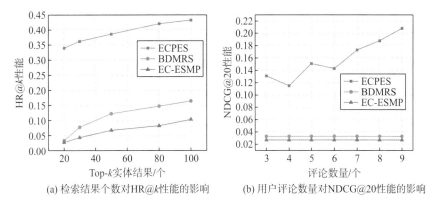

(a) 检索结果个数对HR@k性能的影响　　　(b) 用户评论数量对NDCG@20性能的影响

图 6.10　排序性能验证

为非个性化方法，用户历史记录对于当前查询没有作用，因此在不同用户历史记录下，NDCG@20 总是保持不变，BDMRS 的 NDCG@20 比 EC-ESMP 的 NDCG@20 好，原因在于 EC-ESMP 丢失了某些相关结果，影响了排序性能。此外，本章所提的 ECPES 方案的 MRR 具有相似的变化趋势。

6.6　本 章 小 结

　　本章面向 AIoT 用户提出了一种带有隐私保护的个性化实体搜索方法，该方法主要考虑了用户在海量搜索空间下的搜索体验问题，在保护用户和实体数据隐私的前提下，保证了用户获取实体信息的实时性并提高了用户获取信息的满意度。本章设计了一种边云协同的个性化加密搜索架构实现上述功能，提出一种带有时间跨度融合的个性化搜索方法，为不同用户进行个性化定制，返回更加精确的实体信息；同时设计了一种边云协同的个性化加密检索流程，满足用户多种搜索模式下的个性化需求。基于真实数据集的实验表明，本章所提方法在保证搜索实时性和隐私性的同时，极大地改善了用户的搜索服务质量，提高了用户的满意度。

参 考 文 献

[1] Liu M L, Li D S, Zeng Y Y, et al. Combinatorial-oriented feedback for sensor data search in internet of things[J]. IEEE Internet of Things Journal, 2020, 7(1): 284-297.

[2] Zhang P N, Li X F, Wu D P, et al. Edge-cloud collaborative entity state data caching strategy toward networking search service in CPSs[J]. IEEE Transactions on Industrial Informatics, 2021, 17(10): 6906-6915.

[3] Tang J E, Zhou Z B, Xue X, et al. Using collaborative edge-cloud cache for search in internet of things[J]. IEEE Internet of Things Journal, 2020, 7(2): 922-936.

[4] Zhang P N, Chui Y L, Liu H, et al. Efficient and privacy-preserving search over edge-cloud collaborative entity in IoT[J]. IEEE Internet of Things Journal, 2023, 10(4): 3192-3205.

[5] Cao N, Wang C, Li M, et al. Privacy-preserving multi-keyword ranked search over encrypted cloud data[J]. IEEE Transactions on Parallel and Distributed Systems, 2014, 25(1): 222-233.

[6] Xia Z H, Wang X H, Sun X M, et al. A secure and dynamic multi-keyword ranked search scheme over encrypted cloud data[J]. IEEE Transactions on Parallel and Distributed Systems, 2016, 27(2): 340-352.

[7] Fu Z J, Ren K, Shu J G, et al. Enabling personalized search over encrypted outsourced data with efficiency improvement[J]. IEEE Transactions on Parallel and Distributed Systems, 2016, 27(9): 2546-2559.

[8] Zhang Q, Wang G J, Liu Q. Enabling cooperative privacy-preserving personalized search in cloud environments[J]. Information Sciences, 2019, 480: 1-13.

[9] Van Gysel C, de Rijke M, Kanoulas E. Learning latent vector spaces for product search[C]//Proceedings of the 25th ACM international on conference on information and knowledge management. New York: Association for Computing Machinery, 2016: 165-174.

[10] Ai Q Y, Zhang Y F, Bi K P, et al. Learning a hierarchical embedding model for personalized product search[C]// Proceedings of the 40th International ACM SIGIR Conference on Research and Development in Information Retrieval, Tokyo, 2017: 645-654.

[11] Guo Y Y, Cheng Z Y, Nie L Q, et al. Attentive long short-term preference modeling for personalized product search[J]. ACM Transactions on Information Systems, 2019, 37(2): 1-27.

[12] Bi K, Ai Q, Croft W B. Learning a fine-grained review-based transformer model for personalized product search[C]//Proceedings of the 44th International ACM SIGIR Conference on Research and Development in Information Retrieval, Virtual Event, 2021: 123-132.

[13] Zhang K, Long J H, Wang X F, et al. Lightweight searchable encryption protocol for industrial internet of things[J]. IEEE Transactions on Industrial Informatics, 2021, 17(6): 4248-4259.

[14] Martin L. XTS: A mode of AES for encrypting hard disks[J]. IEEE Security & Privacy, 2010, 8(3): 68-69.

[15] He R N, McAuley J. Ups and downs: Modeling the visual evolution of fashion trends with one-class collaborative filtering[C]//Proceedings of The 25th International Conference on World Wide Web, Montréal, 2016: 507-517.

第7章　性格感知的多模态情感分析服务技术

AIoT 中的方面级多模态情感分析(aspect-based multimodal sentiment analysis, ABMSA)技术为智能城市、智慧教育等服务提供了智慧化的解决方案。然而，现存的智慧物联网中的多模态情感分析方法往往忽略了人物潜在的个性特征，使用单一的多模态特征，导致模型很难准确地挖掘出 AIoT 用户的真实情感，而心理学研究表明人物性格特征对人们的情感表达有着直接影响。针对此问题，本章提出一种 AIoT 端到端人物特征耦合的实体级多模态情感分析方法。区别于目前管道式的多任务情感分析方法，该方法将人物个性特征建模任务和ABMSA 任务强耦合于统一架构中，避免了差错传播，同时增强了系统整体的鲁棒性。

7.1　多模态情感分析研究现状及主要挑战

7.1.1　多模态情感分析研究现状

多模态情感分析作为 AIoT 多模态服务技术中的一项子任务，其采用多种输入模态[1]，包括语音-文本[2]、语音-视频[3]或三种模态统一的框架[4]。目前，基于性格感知的多模态情感分析服务技术主要包含三方面，即多模态特征提取、人物性格特征挖掘和多任务耦合。本章从这三个方面简要介绍各技术的研究现状。

1. 多模态特征提取

目前，根据数据样本的不同粒度，AIoT 中的多模态特征提取方法分为粗粒度(句子级)和细粒度(实体级)两类。粗粒度的多模态情感分析研究主要集中在特征的融合方式上。文献[4]采用特征级融合方式，生成特定于每个模态的嵌入后，融合三种模态的张量，并将其输入最终的分析模块中进行情感分析。同样，文献[5]引入基于注意力机制的特征融合方式，动态提取存在依存关系的文本和视频模态特征，提高模型情感分类的准确率。针对多模态特征的决策级融合方式，文献[6]提出一种层次化的 CNN，对输入语音特征进行识别后，将其与对应语句的文本特征交互，预测交互式对话系统中每句话的情感极性。然而，这些粗粒度的特征融合方法却不能直接应用于实体级情感分类任务，也无法挖掘出对句子中特定实体的情感倾向。为了解决上述问题，文献[7]提出了多交互记忆网络，学习跨模态数据与单模态数据中与特定实体相关的自影响和模态之间的交互影响，增强细粒度的实体级情感分析。文献[8]将预先设计的基于变换器的双向编码器表示（bidirectional encoder representations from transformers，BERT）模型应用于实体级多模态情感分析任务，以维护更多与特定实体相关的多模态特征信息。文献[9]设计了一种实体级特征融合网络，在多模态交互和融合方面，采用多头注意力机制，以使各模态对特定实体情感分析任务的贡献最大化。然而，现有的实体级多模态情感分析方法缺乏考虑人物潜在性格的影响，仅考虑单一的多模态特征，导致模型对特定模态特征产生依赖，很难挖掘出用户的真实情感，造成情感分类器性能下降。

2. 人物性格特征挖掘

目前，心理学研究人员提出了许多人格模型，如大五人格模型[10]和迈尔斯-布里格斯人格类型量表（Myers-Briggs type indicator，MBTI）人格模型[11]，其中大五人格模型是一个公认的人物特征模型，被广泛应用于人物性格特征挖掘任务中。针对单模态人物性格特征挖掘的研究，文献[12]使用深度神经网络的方法对文档级的人物个性进行建模。文献[13]通过 YouTube 视频平台，从即时识别面部表情类别的时间信号中，提取四组作为用户的潜在性格特征，以建模情绪面部表情与大五人格模型之间的联系。同样，也有对多模态人物性格特征的综合研究，文献[14]通过设计一个深层残差网络，利用语音-图像输入来预测面试者对面试官的第一印象人格特征。然而，目前考虑人物个性的情感评估应用都是单模态、粗粒度级的，无法提供用户对单个实体更有价值的个性化见解。

3. 多任务耦合

本章旨在将 AIoT 用户的人物个性建模任务和 ABMSA 任务进行多任务的高效耦合。传统 AIoT 中的多任务实体级情感分析又称端到端情感分析，其将实体词提取任务和实体词情感分析任务联合于统一架构中。文献[15]使用一种动态的异构图神经网络对语法依存关系建模，以将实体词提取和实体情感分析这两个目标联合建模。文献[16]设计了一种高效的消息传播机制，以在端到端方面级情感分析的多任务学习中充分利用句子中的语法依存关系和依存类型。然而，这些管道式的多任务解决方案是单模态的，无法对多模态的人物特征进行耦合，而且忽略了多个子任务之间的潜在联系，极易导致错误的积累。最近，元学习算法专注于设计能够学习新知识并快速适应新环境的模型，而只需少量训练样本。模型无关的元学习（model agnostic meta learning，MAML）是一种通用的元学习优化算法，设计用于少样本学习和增强学习，同时与通过梯度下降学习的模型兼容[17]。因此，本章模型使用扩展的 MAML 算法，并行优化提取人物个性特征和用户多模态特征，以将人物潜在特征的建模任务和 ABMSA 任务进行强耦合。

7.1.2　多模态情感分析主要挑战

在 AIoT 的多模态学习中，如何有效学习和建模各模态间的语义特征联系是一个重要问题。目前，具有代表性的多模态情感分析研究，通过不同的神经网络架构进行多模态特征融合，为了获得更具有表现力的多模态特征，最近的研究利用注意力机制赋予各模态相应的融合权重。虽然上述 ABMSA 方法使用注意力机制对多模态数据进行了有效融合，但是现有的工作忽略了人物的潜在个性特征，仅依靠单一的多模态特征易使模型产生对特定模态特征的过度依赖，很难挖掘出人物对实体的真实情感表达。心理学研究表明人物性格特征对人们的情感表达有着直接影响。因此，一个鲁棒性的 ABMSA 方法应该融合考虑实体的多模态特征和人物潜在的个性特征。具体可以从以下三点对人物性格感知多模态情感分析的挑战进行总结。

1. 用户主观性格特征难以精准建模

用户的多模态评论是具有主观性的，因此，需要提供一种自适应的用户性格挖掘方法，针对不同性格的用户多模态评论数据进行特征挖掘，以提高模型的泛化能力，并提供一种个性化的情感分析方法。

2. 性格特征挖掘与 ABMSA 任务松耦合

实体多模态特征的挖掘和人物潜在特征的建模需紧耦合。针对 ABMSA 的多任务联合学习，现有的端到端的多任务实体级情感分析方法采用管道式的解决方案，虽然设计简单，但忽略了多个子任务之间的潜在联系，极易导致错误传播。

3. 用户性格特征聚类导致数据稀疏

人物性格是多样化的，因此模型在对数据集中不同人物性格特征的样本进行个性化分析时，会存在数据稀疏问题。现有的研究利用数据增强技术和动态退出机制来解决数据稀疏问题，但这却影响模型对数据样本中人物性格特征的学习能力，造成模型预测性能下降。

7.2　多模态情感分析系统模型

本章从 AIoT 中用户的人物性格特征角度出发，为了克服模型对特定模态特征产生依赖，很难挖掘用户真实情感，造成情感分类器性能下降的问题，使用注意力机制提取个性化的人物性格，并结合多任务学习对人物潜在性格特征和多模态特征进行强耦合，设计了一种人物性格感知的多模态情感分析模型，依据 AIoT 用户的性格特征与用户情感表达之间的潜在联系，提取出个性化的用户情感表达倾向。

7.2.1　多模态情感分析问题描述

定义 7.1：实体。 实体 $t_i = (x_1^t, x_2^t, \cdots, x_m^t)$ 为一句话 s_i 中的单词或短语，包括位置、地点、人物，其长度记为 m。若一句话中包含 C 个实体，则本章将其分成数据集中的 C 个样本。

定义 7.2：情感极性。 情感极性标记为 $y \in \{-1, 0, 1\}$，表示对句子 s_i 中特定实体 t_i 持有积极 1、中性 0 或消极 -1 的情感意见。

定义 7.3：样本。 数据集中的一个样本 $d_i \in \Omega$（Ω 为样本空间），包含长度为 n 的句子 $s_i \in \mathbb{S}$（$\mathbb{S}$ 为样本中句子集合）和对应的图像 $v_i \in \mathbb{V}$（$\mathbb{V}$ 为图像集合）。将句子 s_i 分成实体左文本 $s_i^l = (x_1^l, x_2^l, \cdots, x_L^l)$、实体 t_i、实体右文本 $s_i^r = (x_1^r, x_2^r, \cdots, x_R^r)$，$x_i$ 是嵌入矩阵 $E \in \mathbb{R}^{e \times |v|}$ 中的一个 e 维词嵌入向量，$|v|$ 为词典中词项个数。

定义 7.4：性格特征。 通过分析数据集中样本 $d_i \in \Omega$ 的句子 $s_i \in \mathbb{S}$ 和图像 $v_i \in \mathbb{V}$，得到评论中人物的潜在性格特征为 $c_i \in \mathbb{R}^5$。随后，根据函数 $F_\Omega^d : \Omega \times \Omega \to \mathbb{R}^+$ 衡量不同人物性格特征的相似度，将 Ω 划分成 K 个子集 $\{\Omega_i \mid i \in (1, K)\}$。

定义 7.5：人物特征知识增强。 初始化给定一组用于提取人物特征的知识内核集合 K，输入相应子集 Ω_i 内的数据样本 d_i，来训练知识核 $\{k_i \in K \mid i \in (1, K)\}$，提取相应的人物性格特征。本章的目标是根据句子 s_i 和图像 v_i，结合由知识核 k_i 所提取到的人物性格特征，来预测实体 t_i 的情感极性。

7.2.2　多模态情感分析系统架构

如图 7.1 所示，本章所提出的 AIoT 中性格感知多模态情感分析模型，分为人物性格特征内核(personality-based knowledge kernels，P2K) f_{φ_p} 和交互注意力融合网络(interactive attention fusion network, IAFN) f_{φ_m} 两部分。P2K 自适应地提取实体级人物个性特征，其中人物性格特征融合层包括性格特征门控机制和基于实体的性格特征门控机制。IAFN 提取实体级多模态特征。模型通过基于性格特征的多模态融合层，经过双线性交互两个子网络提取的输出特征，得到人物个性化的多模态特征。为了同时对两个网络进行强耦合，模型借助多任务学习架构使用

元学习算法并行地优化两部分网络。具体来说，在数据子集 $\{\Omega_i \,|\, i = 1, 2, \cdots, K\}$ 上初始化不同的 P2K，同时将其与 IAFN 并行化训练。最后，在数据集 Ω 上对模型执行梯度下降算法，以提高系统整体的鲁棒性。

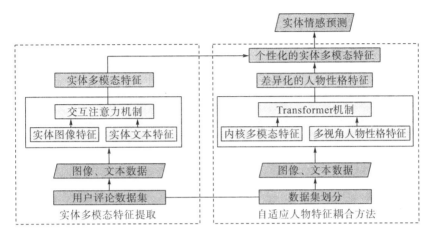

图 7.1　性格感知的多模态情感分析方法系统模型

7.2.3　性格特征自适应挖掘方法

如图 7.2 所示，为了自适应地提取数据集中不同的人物性格特征，首先根据人物个性的相似度将数据集划分为 K 个子集，再为每个子集构建相应的特征内核 $\{k_i \in K \,|\, i \in (1, K)\}$。每个知识内核 k_i 将子集 Ω_i 中的样本(包括文本 $s_i \in \mathbb{S}$ 和图像 $v_i \in \mathbb{V}$)作为训练数据输入。本章所设计的 P2K 主要包含两部分，即内核多模态特征表示和多视角用户性格特征表示。最后，通过人物性格融合层，包括人物性格特征门控和基于方面词的用户性格特征门控，得到基于实体的人物性格特征。不同 P2K 内核的输出具有不同基于实体的人物性格特征。

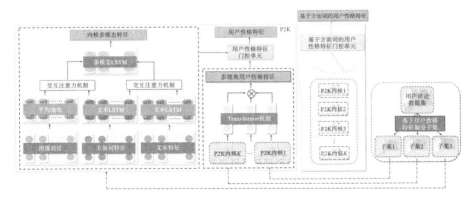

图 7.2　人物性格特征自适应挖掘方法

1. 数据子集划分

为了建模不同人物特征对 ABMSA 任务的影响，首先以基于深度残差网络的预训练模型作为函数 F，获取样本 $\boldsymbol{d}_i \in \Omega$ 中人物的性格特征 $\boldsymbol{c}_i \in \mathbb{R}^5$，并将其映射到空间中的代理节点 $\Phi_i = (\boldsymbol{c}_i^1, \boldsymbol{c}_i^2, \cdots, \boldsymbol{c}_i^5)$。采用代理节点之间的欧氏距离作为人物性格的相似度函数 $F_\Omega^d : \Omega \times \Omega \to \mathbb{R}^+$，原因是该测度可推广，能够容纳无限维度的特征空间。随后，使用 K-means 方法结合空间中的所有维度，对数据集 Ω 中样本的代理节点 Φ 进行聚类，得到 K 个子数据集 $\{\Omega_i \mid i = 1, 2, \cdots, K\}$，如式 (7.1)、式 (7.2) 所示：

$$\{\Omega_i \mid i = 1, 2, \cdots, K\} = \text{KMeans}_{F_\Omega^d(\Phi_i, \Phi_j)}(\{\boldsymbol{d}_i \in \Omega\}) \tag{7.1}$$

$$F_\Omega^d(\Phi_i, \Phi_j) = \sqrt{\sum_{d=1}^5 (|\boldsymbol{c}_i^d - \boldsymbol{c}_j^d|)^2} \tag{7.2}$$

式中，$\text{KMeans}_{F_\Omega^d(\Phi_i, \Phi_j)}(\{\boldsymbol{d}_i \in \Omega\})$ 表示对所有样本进行聚类。

划分后的各数据子集代表相似人物个性的样本集合。随后，初始化 K 个 P2K 内核，对数据子集中样本的文本特征和图像特征使用交互注意力机制，融合成内核多模态特征。

2. 文本特征提取

本章首先利用预训练的语义嵌入模型 GloVe 来获取词向量。在此基础上，利用 LSTM 分别对实体和其两侧的上下文进行特征提取。对于实体两侧的单词，每个卷积网络都充当预处理工具，将较长的输入序列转换为较短的高阶特征序列 $\boldsymbol{H}^l$ 和 $\boldsymbol{H}^r$，如式 (7.3) ～ 式 (7.6) 所示：

$$\boldsymbol{h}_i^l = \text{LSTM}_{\Theta_l}(\boldsymbol{h}_{i-1}^l, \boldsymbol{x}_i^l), \quad i \in [1, L] \tag{7.3}$$

$$\boldsymbol{h}_i^r = \text{LSTM}_{\Theta_r}(\boldsymbol{h}_{i-1}^r, \boldsymbol{x}_i^r), \quad i \in [n-R, n] \tag{7.4}$$

$$\boldsymbol{H}^l = [\boldsymbol{h}_1^l, \boldsymbol{h}_2^l, \cdots, \boldsymbol{h}_L^l] \tag{7.5}$$

$$\boldsymbol{H}^r = [\boldsymbol{h}_{n-R}^r, \boldsymbol{h}_{n-R+1}^r, \cdots, \boldsymbol{h}_n^r] \tag{7.6}$$

式中，Θ_r 和 Θ_l 分别代表实体左侧和实体右侧 LSTM 中的所有网络参数；L 和 R 分别为句子中实体左侧和右侧文本的长度。与实体两侧的上下文特征表示 $\boldsymbol{H}^l$ 和 $\boldsymbol{H}^r$ 不同，对于提取实体特征表示，本章通过 LSTM 读取输入实体中所有单词的嵌入，在获取对应的隐藏状态 $[\boldsymbol{h}_1^t, \boldsymbol{h}_2^t, \cdots, \boldsymbol{h}_m^t]$ 后，采用对隐藏状态的平均加权来获取实体最终表示 $\boldsymbol{H}^t$，如式 (7.7) 所示：

$$\boldsymbol{H}^t = \frac{1}{m} \sum_{i=1}^m \boldsymbol{h}_i^t \tag{7.7}$$

3. 图像特征提取

由于深度 CNN 在许多图像识别任务中都表现出良好的性能，本章采用深层 ResNet 网络来提取各图像块的视觉特征。给定一张输入图像 $v_i \in \mathbb{V}$，首先调整其大小为 224 像素×224 像素，作为新图像 $\hat{v}_i$。更精准的图像特征往往得益于更深层次的卷积网络，因此本章采用一个预训练的 152 层 ResNet 获取图像的输出特征表示，如式(7.8)、式(7.9)所示：

$$G = \text{ResNet}(\hat{v}_i) = \{ \boldsymbol{g}_w \mid \boldsymbol{g}_w \in \mathbb{R}^{2048}, w = 1, 2, \cdots, 49 \} \tag{7.8}$$

$$G_{\text{avg}} = \frac{1}{49} \sum_{w=1}^{49} \boldsymbol{g}_w \tag{7.9}$$

式中，向量 G 代表从 7×7 个 32 像素×32 像素的图像块 w 中学习到的 2048 维特征向量。随后，为了与提取出的文本特征的维度对齐，在本章离线阶段使用一个非线性激活函数对 G_{avg} 进行维度转换，得到对齐后的向量 $\boldsymbol{Q}^v \in \mathbb{R}^e$，如式 (7.10) 所示：

$$\boldsymbol{Q}^v = \tanh(\boldsymbol{G}_{\text{avg}} \cdot \boldsymbol{W}^v + \boldsymbol{b}^v) \tag{7.10}$$

式中，$\boldsymbol{W}^v \in \mathbb{R}^{2048 \times d}$ 和 $\boldsymbol{b}^v \in \mathbb{R}^d$ 为可训练的参数。

4. 内核多模态特征表示

对于内核 k_i，使用 LSTM 提取句子 s_i 的文本特征 $\boldsymbol{H}_{k_i}^{s_i} = \{ \boldsymbol{h}_{1,k_i}^{s_i}, \boldsymbol{h}_{2,k_i}^{s_i}, \cdots, \boldsymbol{h}_{n,k_i}^{s_i} \}$ 和实体特征表示 $\boldsymbol{H}_{k_i}^t$，使用跨模态的多头注意力(external mulit-head attention, Exter-MHA)机制，将 $\boldsymbol{H}_{k_i}^t$ 与文本特征表示 $\boldsymbol{H}_{k_i}^{s_i}$ 进行双线性交互，得到加权后的文本特征表示，如式(7.11)、式(7.12)所示：

$$\text{head}_{j,k_i}^{h,s_i} = \text{softmax}\left(\frac{\boldsymbol{h}_{j,k_i}^{s_i} \boldsymbol{W}_h^K \cdot (\boldsymbol{h}_{j,k_i}^t \boldsymbol{W}_h^Q)^{\text{T}}}{\sqrt{d_k}} \right) \cdot \boldsymbol{h}_{j,k_i}^{s_i} \tag{7.11}$$

$$\text{MHA}(\boldsymbol{h}_{j,k_i}^{s_i}, \boldsymbol{h}_{j,k_i}^t, \boldsymbol{h}_{j,k_i}^{s_i}) = \text{Concat}(\text{head}_{j,k_i}^{1,s_i}, \text{head}_{j,k_i}^{2,s_i}, \cdots, \text{head}_{j,k_i}^{h,s_i}) \cdot \boldsymbol{W}^o \tag{7.12}$$

式中，$\text{head}_{j,k_i}^{h,s_i}$ 代表由第 k_i 个内核中对于句子 s_i 中第 j 个单词的第 h 头注意力权重更新后的文本特征表示；d_k 为向量维度；$\boldsymbol{W}_h^K, \boldsymbol{W}_h^Q \in \mathbb{R}^{d \times d}$，$\boldsymbol{W}^o \in \mathbb{R}^{(h \times d) \times d}$ 是可学习的参数。同理，得到加权后的图像特征表示 $\text{MHA}(\boldsymbol{Q}_{k_i}^v, \boldsymbol{h}_{j,k_i}^t, \boldsymbol{Q}_{k_i}^v)$。$\boldsymbol{Q}_{k_i}^v$ 是经过特征对齐和加权平均后的图像块特征向量。最后，将加权后的文本和图像特征表示级联后，输入多模态 LSTM 网络，得到内核 k_i 的内核多模态特征表示 $\boldsymbol{h}_{k_i}^p$，如式 (7.13)、式(7.14)所示：

$$\hat{h}_{k_i}^p = \sum_{j=1}^n \mathrm{LSTM}_{\Theta_{k_i}}(\mathrm{MHA}(\boldsymbol{h}_{j,k_i}^{s_i}, \boldsymbol{h}_{j,k_i}^t, \boldsymbol{h}_{j,k_i}^{s_i}) \oplus \mathrm{MHA}(\boldsymbol{Q}_{k_i}^v, \boldsymbol{h}_{j,k_i}^t, \boldsymbol{Q}_{k_i}^v)) \tag{7.13}$$

$$\boldsymbol{h}_{k_i}^p = \tanh(\boldsymbol{W}_{k_i}^p \hat{\boldsymbol{h}}_{k_i}^p + \boldsymbol{b}_{k_i}^p) \tag{7.14}$$

式中，$\oplus$ 代表向量级联。所提取的内核多模态特征是从各数据子集中提取的公共多模态特征，因此将作为每个数据子集人物个性特征的重要组成部分。由于在对数据集进行划分的过程中存在数据稀疏问题，本章使用 Transformer 机制双线性交互不同内核的多模态特征 $\boldsymbol{h}_{k_i}^p$ 作为稀疏样本的补充，以保证用户个性之间的差异性，如式 (7.15) 所示：

$$\boldsymbol{h}_{\mathrm{Trans}}^p = \sum_{k=1}^K \mathrm{Transformer}(\boldsymbol{h}_{k_i}^p) / K \tag{7.15}$$

随后，计算人物性格特征融合层中基于性格特征的门控系数 z，如式 (7.16) 所示：

$$z = \sigma(\boldsymbol{W}_z^{\mathrm{Trans}} \cdot \boldsymbol{h}_{\mathrm{Trans}}^p + \boldsymbol{W}_z^p \cdot \boldsymbol{h}_{k_i}^p + \boldsymbol{b}_z) \tag{7.16}$$

式中，$\boldsymbol{W}_z^{\mathrm{Trans}}, \boldsymbol{W}_z^p \in \mathbb{R}^{d \times d}$ 为可训练的参数矩阵；σ 为 Sigmoid 激活函数。使用门控系数 z，得到当前内核的性格特征表示，如式 (7.17) 所示：

$$\boldsymbol{H}_{k_i}^p = z \circ \boldsymbol{h}_{\mathrm{Trans}}^p \tag{7.17}$$

式中，$\circ$ 代表向量的元素乘积。进一步，为了挖掘人物特征 $\boldsymbol{H}_{k_i}^p$ 与实体情感表达的联系，通过位于性格特征融合层中基于实体的人物性格特征门控，得到属于第 k_i 个 P2K 基于实体的人物性格特征表示 $\boldsymbol{H}_{k_i,\mathrm{Gate}}^p$，如式 (7.18) 所示：

$$\boldsymbol{H}_{k_i,\mathrm{Gate}}^p = \sigma(\boldsymbol{W}_{\mathrm{Gate}}^t \boldsymbol{H}^t + \boldsymbol{W}_{\mathrm{Gate}}^p \boldsymbol{H}_{k_i}^p + \boldsymbol{b}_{\mathrm{Gate}}^p) \circ \boldsymbol{H}_{k_i}^p \tag{7.18}$$

式中，$\boldsymbol{W}_{\mathrm{Gate}}^t, \boldsymbol{W}_{\mathrm{Gate}}^p \in \mathbb{R}^{d \times d}$，$\boldsymbol{b}_{\mathrm{Gate}}^p \in \mathbb{R}^d$ 为可训练的参数。最终，由各 P2K 提取出的实体人物特征将作为多任务学习架构并行优化的目标之一。

7.3　性格特征耦合的端到端情感分析方法

如图 7.3 所示，为了提取 AIoT 中实体的多模态特征，本章设计了一种交互注意力融合网络 f_{φ_m}，将实体文本特征和实体图像特征通过双线性交互方式融合。同时，区别于传统情感分析对多任务的管道式端到端学习方法，本章提出了一种人物性格特征耦合的多任务情感分析方法，并行优化自适应性格特征内核 f_{φ_p} 和交互注意力融合网络 f_{φ_m}，将人物个性特征与实体多模态特征紧耦合，提高系统整体的鲁棒性。

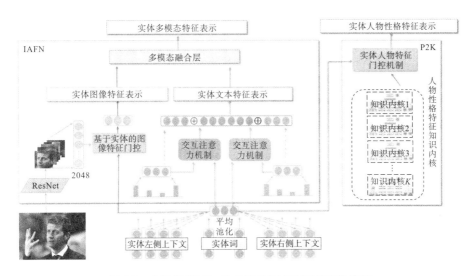

图 7.3 人物性格感知的多模态情感分析方法架构图

7.3.1 交互注意力融合网络

1. 实体文本特征表示

当获取文本特征表示后，本章设计了一种模态内的多头注意力(internal multi-head attention，Inter-MHA)机制学习左右上下文的语义表示。由于每个上下文单词的重要性是不同的，因此，本章将实体表示 $\boldsymbol{H}^t$ 作为查询输入，根据上下文中各个单词的隐藏状态与 $\boldsymbol{H}^t$ 之间的双线性交互计算其注意力权重，得到实体左侧第 h 头注意力的特征向量 head_h^l，如式(7.19)所示：

$$\mathrm{head}_h^l = \boldsymbol{\beta}_i^{hl} \cdot \boldsymbol{h}_i^l = \frac{\exp(\tanh(\boldsymbol{h}_i^l \cdot \boldsymbol{H}^t))}{\displaystyle\sum_{j=1}^{L} \exp(\tanh(\boldsymbol{h}_j^l \cdot \boldsymbol{H}^t))} \cdot \boldsymbol{h}_i^l \tag{7.19}$$

式中，$\boldsymbol{\beta}_i^{hl}$ 代表实体左侧第 i 个单词的第 h 头注意力权重。逐点卷积变换(pointwise convolutional transformation, PCT)可进一步转换 MHA 收集的上下文信息，给定由多头注意力机制收集的左侧上下文序列，PCT 的过程定义为

$$\mathrm{MHA}(\boldsymbol{h}_i^l, \boldsymbol{H}^t, \boldsymbol{h}_i^l) = \mathrm{Concat}(\mathrm{head}_1^l, \mathrm{head}_2^l, \cdots, \mathrm{head}_h^l) \tag{7.20}$$

$$\mathrm{PCT}(\mathrm{MHA}(\boldsymbol{h}_i^l, \boldsymbol{H}^t, \boldsymbol{h}_i^l)) = \mathrm{RELU}(\mathrm{MHA}(\boldsymbol{h}_i^l, \boldsymbol{H}^t, \boldsymbol{h}_i^l) * \boldsymbol{W}_{pc}^1 + \boldsymbol{b}_{pc}^1) * \boldsymbol{W}_{pc}^2 + \boldsymbol{b}_{pc}^2 \tag{7.21}$$

式中，$\boldsymbol{W}_{pc}^1 \in \mathbb{R}^{d\times d}$ 和 $\boldsymbol{W}_{pc}^2 \in \mathbb{R}^{d\times d}$ 分别代表两个卷积核的可训练参数，d 为多头注意力机制输出的向量维度；* 代表卷积操作。最终，本章在分别对实体词的左侧和右侧的上下文特征向量进行池化后，使用特征级联方式集成来自实体和文本上下文的信息，如式(7.22)～式(7.24)所示：

$$\boldsymbol{H}_{\mathrm{avg}}^{l} = \frac{1}{L}\sum_{j=1}^{L}\boldsymbol{h}_{j}^{l} \tag{7.22}$$

$$\boldsymbol{H}_{\mathrm{avg}}^{r} = \frac{1}{R}\sum_{j=1}^{R}\boldsymbol{h}_{j}^{r} \tag{7.23}$$

$$\boldsymbol{H}_{f}^{s} = \boldsymbol{H}_{\mathrm{avg}}^{l} \oplus \mathrm{PCT}(\mathrm{MHA}(\boldsymbol{h}_{i}^{l},\boldsymbol{H}^{t},\boldsymbol{h}_{i}^{l})) \oplus \mathrm{PCT}(\mathrm{MHA}(\boldsymbol{h}_{i}^{r},\boldsymbol{H}^{t},\boldsymbol{h}_{i}^{r})) \oplus \boldsymbol{H}_{\mathrm{avg}}^{r} \tag{7.24}$$

式中，L 和 R 分别为句子中实体左侧和右侧上下文本的长度；$\oplus$ 代表向量级联。

2. 实体图像特征表示

仅依靠短文本信息表示仍不足以做出正确的情感预测，因此，学习一种图像的表示方法来提高模型的鲁棒性是十分必要的。本章将广泛使用的视觉注意力机制融合于交互网络中，用于获取实体图像特征表示 $\boldsymbol{Q}_{f}^{v}$，区分不同图像块与实体词之间的重要性，如式(7.25)~式(7.27)所示：

$$\varphi_{w}^{g} = \boldsymbol{v}^{\mathrm{T}}\tanh(\boldsymbol{W}_{H}^{g}\boldsymbol{H}^{t} + \boldsymbol{W}_{G}^{g}\boldsymbol{g}_{w} + \boldsymbol{b}^{g}) \tag{7.25}$$

$$\boldsymbol{g}^{v} = \sum_{w=1}^{49}\frac{\exp(\varphi_{w}^{g})}{\sum_{j=1}^{49}\exp(\varphi_{j}^{g})}\boldsymbol{g}_{w} \tag{7.26}$$

$$\boldsymbol{Q}_{f}^{v} = \tanh(\boldsymbol{W}_{f}^{v}\boldsymbol{g}^{v} + \boldsymbol{b}^{v}) \tag{7.27}$$

式中，φ_{w}^{g} 为对第 w 个图像块的注意力权重；$\boldsymbol{W}_{H}^{g} \in \mathbb{R}^{d \times d}$，$\boldsymbol{W}_{G}^{g}, \boldsymbol{W}_{f}^{v} \in \mathbb{R}^{d \times 2048}$，$\boldsymbol{b}^{g}, \boldsymbol{b}^{v} \in \mathbb{R}^{d}$ 为可训练的参数。为了动态消除图像中人物的背景噪声，本章利用文本特征 $\boldsymbol{H}_{f}^{s}$ 与图像特征 $\boldsymbol{Q}_{f}^{v}$ 共同构建基于实体的图像特征门控机制，对图像噪声进行过滤，得到最终的图像表示 $\boldsymbol{H}_{f}^{v}$：

$$\boldsymbol{H}_{f}^{v} = \sigma(\boldsymbol{W}_{H}^{\eta}\boldsymbol{H}_{f}^{s} + \boldsymbol{W}_{G}^{\eta}\boldsymbol{Q}_{f}^{v} + \boldsymbol{b}^{v}) \circ \boldsymbol{Q}_{f}^{v} \tag{7.28}$$

式中，$\boldsymbol{W}_{H}^{\eta}, \boldsymbol{W}_{G}^{\eta} \in \mathbb{R}^{d \times d}$ 和 $\boldsymbol{b}^{v} \in \mathbb{R}^{d}$ 是可训练的参数。由 IAFN 提取出文本特征表示 $\boldsymbol{H}_{f}^{s}$ 和图像特征表示 $\boldsymbol{H}_{f}^{v}$。进一步，设计多模态融合层来捕获文本信息与图像信息之间的交互，如式(7.29)所示：

$$\boldsymbol{H}^{MM} = \boldsymbol{W}_{MP}(\tanh(\boldsymbol{W}_{\mathrm{Text}}^{M}\boldsymbol{H}_{f}^{s}) \circ \tanh(\boldsymbol{W}_{\mathrm{Visual}}^{P}\boldsymbol{H}_{f}^{v})) + \boldsymbol{b}_{M} \tag{7.29}$$

式中，$\boldsymbol{W}_{\mathrm{Text}}^{M} \in \mathbb{R}^{4d \times d}$，$\boldsymbol{W}_{MP}, \boldsymbol{W}_{\mathrm{Visual}}^{P} \in \mathbb{R}^{d \times d}$ 和 $\boldsymbol{b}_{M} \in \mathbb{R}^{d}$ 均是可训练调整的参数。最终，IAFN 得到的实体多模态特征表示 $\boldsymbol{H}^{MM}$ 和由各 P2K 提取出的实体人物特征表示 $\boldsymbol{H}_{k_{i},\mathrm{Gate}}^{P}$ 将作为多任务学习架构的联合优化目标。

7.3.2　多任务学习方法

本章将实体的多模态特征提取和 AIoT 中用户的个性特征建模任务耦合于模型中，并行优化 P2K 提取的人物特征表示 $\boldsymbol{H}_{k_{i},\mathrm{Gate}}^{P}$ 和交互注意力网络提取的实体

多模态特征表示 $\boldsymbol{H}^{MM}$ ，以提高系统整体的鲁棒性。首先，通过基于人物性格的多模态融合层对上述两种特征表示进行双线性交互，如式 (7.30) 所示：

$$\boldsymbol{H}^{MP} = \boldsymbol{W}_P \left(\tanh(\boldsymbol{W}^P_{\text{Multi}} \boldsymbol{H}^{MM}) \circ \tanh(\boldsymbol{W}^P_{\text{Kown}} \cdot \boldsymbol{H}^p_{k_i,\text{Gate}}) \right) + \boldsymbol{b}_P \tag{7.30}$$

式中，$\boldsymbol{W}^P_{\text{Multi}} \in \mathbb{R}^{4d \times d}$ ，$\boldsymbol{W}_P, \boldsymbol{W}^P_{\text{Kown}} \in \mathbb{R}^{d \times d}$ 和 $\boldsymbol{b}_P \in \mathbb{R}^d$ 均是可训练调整的参数。随后，级联特征表示，获得基于人物个性的多模态表示 $\boldsymbol{H}$ ，如式 (7.31) 所示：

$$\boldsymbol{H} = \boldsymbol{H}^{MM} \oplus \boldsymbol{H}^{MP} \oplus \boldsymbol{H}^p_{k_i,\text{Gate}} \tag{7.31}$$

式中，$\oplus$ 代表向量的连接运算。最终，将 $\boldsymbol{H}$ 输入激活函数为 Softmax 的全连接层进行分类，如式 (7.32) 所示：

$$p(y \mid \boldsymbol{H}) = \text{Softmax}(\boldsymbol{W}\boldsymbol{H} + \boldsymbol{b}) \tag{7.32}$$

式中，$p(y \mid \boldsymbol{H})$ 表示输入为 $\boldsymbol{H}$ 的条件下，输出的类别为 y 的概率；$\boldsymbol{W} \in \mathbb{R}^{3 \times 6d}$ 和 $\boldsymbol{b} \in \mathbb{R}^3$ 为可训练的参数。为了简化，使用 $\psi = \{\varphi_p, \varphi_m\}$ 表示 P2K 内核和 IAFN 的参数集合，$z = \{o_p, o_m\}$ 代表由 P2K 内核和 IAFN 生成的特征表示集合。为了能够将不同数据子集的人物特征与实体的多模态特征强耦合，提高系统整体的鲁棒性，本章在子集 $\{\Omega_i \mid i = 1, 2, \cdots, K\}$ 上初始化不同的 P2K 内核，同时将其与 IAFN 并行训练优化。最后，在数据集 Ω 上对主网络 f_θ 执行梯度下降算法。人物性格感知的多模态情感分析方法的优化目标函数为

$$\min_{N, \theta, \psi} J(\Omega; \theta^*, \psi)$$
$$\text{s.t.} \quad \theta^* = \theta - \alpha \nabla_\theta J(\Omega_i; \psi), i \in N \tag{7.33}$$

式中，N 代表训练集样本数量；ψ 是正则化超参数；θ 是模型中所有可训练参数；∇ 代表梯度算子，α 为更新步长。本章扩展了基于贝叶斯的元学习算法，对模型中所有网络并行优化。在算法中，所有网络的特征提取过程被定义为对似然函数的优化，如式 (7.34) 所示：

$$p(\boldsymbol{Y}, z \mid \boldsymbol{X}; \theta) = p(z) \prod_{i \in \Omega_i, k \in [1, K]} p(y_i \mid \boldsymbol{x}_i, z; \theta) \prod_{j \in \Omega, j \notin \Omega_i} p(y_j \mid \boldsymbol{x}_j, z; \theta) \tag{7.34}$$

式中，$\boldsymbol{X}$ 和 $\boldsymbol{Y}$ 分别代表数据集中所有训练样本和真实标签。贝叶斯元学习的目标是最大化条件似然 $\log_2 p(\boldsymbol{Y} \mid \boldsymbol{X}; \theta)$。本章借助平摊分布 $d(z \mid \boldsymbol{X}; \psi)$ 来估算真实的后验分布。最终，得到模型的优化目标函数，如下：

$$\min_{\theta, \psi} \frac{1}{N} \sum_{i=1}^{N} \sum_{c \in C} -\log_2(P(y^{(i)} = c \mid \boldsymbol{H}^{(i)})) + \text{KL}[d(z \mid \boldsymbol{X}; \psi) \| p(z \mid \boldsymbol{X})] + \lambda \|\Theta\|^2 \tag{7.35}$$

如算法 7.1 所示，优化过程分为离线阶段和在线阶段两个阶段。在离线阶段，首先提取用户多模态特征，再根据函数 $F^d_\Omega(\Omega, \Omega)$ 判断数据集 Ω 中人物性格特征的相似度，进而划分数据子集 $\{\Omega_i \mid i = 1, 2, \cdots, K\}$。随后，为每个子集初始化 P2K 内核 $\{k_i \in \mathcal{K} \mid i \in [1, K]\}$，提取不同的人物特征表示。在线阶段中，在子数据集 Ω_i 上借助 P2K 内核 f_{φ_p} 和交互注意力网络 f_{φ_m} 对主框架 f_θ 进行元训练。随后，

在整体数据集 Ω 上对更新后的主框架 f_{θ^*} 进行元测试。最后，通过梯度下降算法对网络参数 $\{\theta, \varphi_m, \varphi_p\}$ 进行元更新。

算法 7.1　性格感知的多模态情感分析方法

输入：$d_i \in \Omega$

输出：$y \in \{-1, 0, 1\}$

1: **离线阶段**

2: **while** $d_i \neq \text{Null}$ **do**

3:　　**for** all $m \in \{V, T\}$ **do**

4:　　　　$\boldsymbol{x}_i^m = \text{ExtractFeature}(\boldsymbol{d}_i^m)$

5:　　**end for**

6: **end while**

7: 根据函数 $F_\Omega^d(\Omega, \Omega)$ 划分数据子集 $\Omega_i \in \Omega$

8: **for** all $\Omega_i \in \Omega$ **do**

9:　　**for** all $\boldsymbol{d}_i \in \Omega_i$ **do**

10:　　　　$\boldsymbol{x}_i^m = \text{ExtractFeature}(\boldsymbol{d}_i)$

11:　　　　**if** $F_\Omega^i(\boldsymbol{x}_i^m) \in \Omega_i$ **then**

12:　　　　　　$\Omega_i.\text{append}(\boldsymbol{d}_i)$

13:　　　　**end if**

14:　　**end for**

15: **end for**

16: 初始化 $\text{Kernel}_i \in \mathcal{K}$

17: **在线阶段**

18: **while** not converge **do**

19:　　初始化 $\theta_0 \leftarrow \theta$

20:　　**元训练**

21:　　**for** $k = 0$ to $K - 1$ **do**

22:　　　　抽样 $\boldsymbol{d}_i = (\boldsymbol{x}_i, \boldsymbol{y}_i) \in \Omega_i$

23:　　　　$\boldsymbol{z}_i \leftarrow [f_{\varphi_m}(\boldsymbol{x}_i; \psi, \theta_k), f_{\varphi_p}(\boldsymbol{x}_i; \psi, \theta_k)]$

24:　　　　$\theta_{k+1} \leftarrow \theta_k - \beta \nabla_\theta [-\log_2 p(y_i \mid \boldsymbol{x}_i, \boldsymbol{z}_i; \theta_k)]$

25:　　**end for**

26:　　$\theta^* = \theta_K$

27:　　**元更新**

28:　　抽样 $\boldsymbol{d}_i = (\boldsymbol{x}_i, \boldsymbol{y}_i) \in \Omega$

29:　　$\theta \leftarrow \theta - \beta\nabla_\theta[-\log_2 p(y_i \mid \boldsymbol{x}_i, \boldsymbol{z}_i; \theta_K^\star)]$

30:　　$\psi \leftarrow \psi - \beta\nabla_\theta[-\log_2 p(y_i \mid \boldsymbol{x}_i, \boldsymbol{z}_i; \theta_K^\star)]$

31:　**end while**

32:　　$y = \text{MajVote}(f_{\theta'}(\boldsymbol{x}))$

33：返回 y

7.4　多模态情感分析算法性能验证

7.4.1　仿真环境设置

1. 数据集

本章在两个真实的多模态公共数据集 Twitter-15、Twitter-17[9]和一个单模态数据集 Twitter-14[18]上进行了大量的实验，以评估本章所提出的模型在实体级多模态情感分析中的效果。其中，单模态数据集包含 2010 年和 2014 年 Twitter 用户的纯文本评论数据，两个多模态数据集最初由文献[19]和文献[20]收集，并用于多模态命名实体识别任务，随后经文献[9]进行预处理和对实体的情感极性标签化，使其适用于实体级多模态情感分析任务。两个数据集分别包含 2014～2015 年和 2016～2017 年在 Twitter 上发布的多模态用户帖子。需要注意的是，在使用的两个多模态数据集中，所有 Twitter 评论都包含文本及相关图像，数据集统计如表 7.1 所示。

表 7.1　数据集统计

数据集	子集	积极	消极	中性	总数	平均实体数量	单词数	平均长度
	训练集	1561	1560	3127	6248	1.389	—	—
Twitter-14	验证集	—	—	—	—	—	—	—
	测试集	173	173	346	692	1.386	—	—
	训练集	928	368	1883	3179	1.348	9023	16.72
Twitter-15	验证集	303	149	670	1122	1.336	4238	16.74
	测试集	317	113	607	1037	1.354	3919	17.05
	训练集	1508	416	1638	3562	1.410	6027	16.21
Twitter-17	验证集	515	144	517	1176	1.439	1992	16.37
	测试集	493	168	573	1234	1.450	3013	16.38

2. 实验设置

本章在两个数据集中设置单词嵌入 e 大小为 300，并使用基于 GloVe 的预训练词嵌入对矩阵 $\boldsymbol{E} \in \mathbb{R}^{e \times e}$ 进行初始化，在训练过程中进行微调。隐藏层的特征维度 d 设置为 100。在训练过程中，使用 Adam 优化器对学习速率进行调度，元学习内部和外部的初始学习速率均设置为 0.001，批次大小 (batch) 和丢弃率分别设置为 10 和 0.5。对于 ResNet 中的所有参数，采用预训练的 152 层模型进行初始化，并在训练过程中保持参数固定。

实验使用 PyTorch、Scikit-learn 和 Seaborn 环境来开发本章的模型算法，采用 CPU 为 2.60GHz Intel Core i9-10700，GPU 为 NVIDIA GeForce 2080-Ti，且配有 64GB 随机存取存储器的 Ubuntu 20.04.4 系统服务器作为实验设备。本章采用标准分类准确率 (standard classification accuracy, ACC) 和宏 F_1 值 (Macro-F_1) 作为模型的性能评价指标。

3. 基线算法

为了进一步说明模型的有效性，实验使用相同的参数设置分别重新在两个数据集上实现了文本实体级情感分析方法和多模态实体级情感分析方法。

1) 文本实体级情感分析基线算法

基于注意力机制的 LSTM 方面级情感分类 (attention-based LSTM for aspect-level sentiment classification, AE-LSTM) [21]：一种有效的 LSTM 扩展形式，利用注意力机制来捕获与实体词相关的重要上下文本信息。

基于目标相关 LSTM 的情感分类 (LSTMs for target-dependent sentiment classification, TD-LSTM) [22]：另一种 LSTM 的变体，模型利用两个双向 LSTM 分别对实体词的左、右上下文本信息进行建模，以帮助分析实体词的情感极性。

深度记忆网络 (deep memory network, MemNet) [23]：为一种深度记忆网络，该网络在词嵌入层之上设计了一种多层注意力机制，帮助实体词的上下文本信息进行快速传递。

交互注意力网络 (interactive attention networks, IAN) [24]：一个具有代表性的网络模型，它设计了一种交互注意力机制，建模实体词与意见词之间的文本信息交互。

多粒度注意力网络 (multi-grained attention network, MGAN) [25]：目前最先进的系统，其通过设计一个多粒度的注意力网络，将实体词分别与不同粒度的上下文本信息进行融合。

循环注意力网络 (recurrent attention network, RAM) [26]：通过在文本表示层的上层应用一个门控循环单元 (gated recurrent unit, GRU)，并结合多头注意力机制来建立一种更深层的神经网络模型。

本章提出了任务性格耦合的多任务学习框架 (personality-coupled multi-task learning framework，PURE)，在此基础上，构造基于 PURE 的文本表示 (PURE based textual representation，EBTR) MHA($h^{s_i}_{j,k_i}$, h^{t}_{j,k_i}, $h^{s_i}_{j,k_i}$) 和基于实体的文本特征表示 H^s_j，融合后输入 Softmax 层并输出情感极性标签。EBTR 代表本章提出的文本实体级情感分析方法。

2) 多模态实体级情感分析基准模型

多交互记忆网络 (multi-interactive memory network，MIMN)[7]：采用了一种多跳记忆网络，对实体词、文本上下文信息和图像上下文信息之间使用交互注意力机制进行建模。

目标导向的多模态 BERT (target-oriented multimodal BERT，TomBERT)[8]：提出一种多模态 BERT 结构，建模图像中基于实体的语义表示，以增强基于文本模型的稳健性。

实体敏感的注意力聚合网络 (entity-sensitive attention and fusion network，ESAFN)[9]：通过在实体词与上下文本表示和图像表示之间进行多次注意力机制的交互，设计一种低秩的多模态融合方式进行情感分类。

精简的视觉-语言 BERT (short for vision-and-Language BERT，ViLBERT)[27]：作为具有多个预训练 Transformer 层的 BERT 扩展，将提取到的文本和图像特征级联后进行情感分析。

EF-CaTrBERT/EF-CaTrBERT-DE[28]：目前最先进的实体级多模态情感分析方法，使用双流模型翻译输入图像，并构建一个辅助句子为 BERT 提供多模态信息。

基于残差网络的 MGAN (ResNet-based MGAN，Res+MGAN)、基于残差网络的 RAM (ResNet-based RAM，Res+RAM) 是两种最基本的多模态融合方法[29]，其首先利用最大池化的方式获取所有 ResNet 处理后图像块的公共表示，随后将池化后的向量表示 $g = \text{MaxPool}(G)$ 与 MGAN 和 RAM 的文本特征向量级联，输出情感分类。

7.4.2　仿真结果分析

如表 7.2 所示，本章方法的性能超过了文本实体情感分析和多模态实体情感分析基准方法。本章没有在 Twitter-14 数据集上验证多模态情感分析方法的原因是单模态数据集在多模态情感分析方法中并不适用。

表 7.2　Twitter-14、Twitter-15、Twitter-17 上的实验结果

模态	模型	Twitter-15 数据集		Twitter-17 数据集		Twitter-14 数据集	
		ACC	Macro-F_1	ACC	Macro-F_1	ACC	Macro-F_1
文本	AE-LSTM	70.30	63.43	61.67	57.97	67.34	65.72
	TD-LSTM	70.67	63.58	64.66	60.65	70.80	69.00
	MemNet	70.11	61.76	64.08	60.90	68.50	66.91
	IAN	70.49	62.81	63.94	61.05	71.24	70.07
	RAM	70.68	63.05	64.42	61.01	71.88	70.33
	MGAN	71.17	63.88	64.75	61.64	72.54	70.81
	EBTR	75.62	70.14	67.98	65.24	75.81	74.26
	EBTR (误差)	±0.77	±0.51	±0.66	±0.47	±0.46	±0.59
文本+图像	Res+MGAN	71.65	64.12	66.37	63.04	—	—
	Res+RAM	71.55	64.68	65.40	62.23	—	—
	MIMN	71.84	65.69	65.88	62.99	—	—
	ESAFN	73.38	67.37	67.83	64.22	—	—
	ViLBERT	73.76	69.85	67.42	64.87	—	—
	TomBERT	77.15	71.75	70.34	68.03	—	—
	EF-CapTrBERT	78.01	73.25	69.77	68.42	—	—
	EF-CapTrBERT-DE	77.92	73.90	72.30	70.20	—	—
	PURE	78.04	73.91	72.23	70.38	—	—
	PURE (误差)	±0.92	±0.84	±0.69	±0.54	—	—

在文本实体级情感分析中，将 Twitter-15 和 Twitter-17 中的图像数据全部移除。MGAN 通过关注不同粒度的注意力交互信息，成为最优的基准模型。然而，EBTR 相较于 MGAN 在 Twitter-15 和 Twitter-17 两个多模态数据集上的 ACC 和 Macro-F_1 值平均提升 3.84、4.93，在 Twitter-14 单模态数据集上分别提升 3.27、3.45。这不仅说明 EBTR 是有效的，而且证明在文本特征中同样蕴含着人物的潜在性格特征，并对 ABMSA 任务有贡献。

在多模态实体级情感分析方法中，不难看出借助于图像信息的帮助，Res + MGAN 和 Res + RAM 相较于基于文本特征的方法 MGAN 和 RAM 在两个数据集上的 ACC 和 Macro-F_1 值分别平均提升 1.05 和 0.82。这意味着相关联的图像信息能够提供互补的信息，进而起到辅助文本的作用。对比本章模型与目前最先进的多模态情感分析系统 EF-CapTrBERT，在两个数据集上的 ACC 和 Macro-F_1 值均取得了较好的效果。然而，相较于 EF-CapTrBERT，本章模型无须借助大规模文本预训练模型 BERT 对图像中的语义信息进行二次重构，避免了预训练模型中来自初始学习数据的干扰。

数据集中往往包含着不同人物的性格特征，因此，为了检测聚类的质量，本章采用轮廓(silhouette)系数和 Davies-Bouldin(戴维斯-波尔丁)度量，报告数据集

划分的平均得分，同时考虑数据集划分对模型分类性能的影响，确定最优的数据子集划分数量 K。

图 7.4 表示数据集的聚类性能，其中，silh-Twitter-15、silh-Twitter-17 分别表示数据集 Twitter-15 与 Twitter-17 分类质量的轮廓系数；dvsb-Twitter-15、dvsb-Twitter-17 分别表示数据集 Twitter-15 与 Twitter-17 分类质量的 Davies-Bouldin 度量。当子空间数量为 $K=2$ 时，轮廓系数和 Davies-Bouldin 度量达到最优值，随着子空间数量的增加，聚类性能下降。图 7.5 表示用户特征多样性对 ABMSA 任务的影响，为了在取得最优的 ACC 和 Macro-F_1 值的同时兼顾聚类性能，本章将

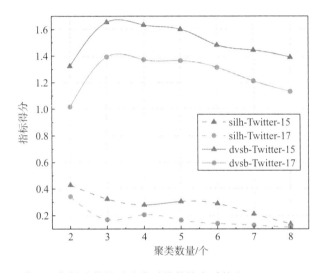

图 7.4 数据子集划分数量对分类质量的轮廓系数和 Davies-Bouldin 度量

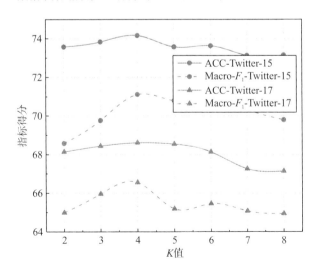

图 7.5 数据子集个数对模型性能（ACC、Macro-F_1）的影响

Twitter-15 数据集划分为 $K = 4$ 个子集，将 Twitter-17 数据集划分为 $K = 5$ 个子集。本章以轮廓系数和 Davies-Bouldin 指数最多 0.14 和 0.31 的下降，换取系统 ACC 和 Macro-F_1 值分别在两个数据集上至少 1.72 和 2.21 的显著提升。此外，我们发现模型对于数据子集的划分数量十分敏感，尤其体现在 Macro-F_1 值的变化上。

  本章提出的模型的显著特征是揭示了人物性格特征的变化可以从实质上影响 ABMSA 的结果。模型利用基于深度残差网络的预训练模型获取样本 $d_i \in \Omega$ 中人物的五维性格特征 $c_i \in \mathbb{R}^5$，包括开放性（openness, OPN）、意识性（consciousness, CON）、外向性（extroversion, EXT）、亲和性（agreeable, AGR）和神经质（neuroticism, NEU）。如图 7.6 所示，使用标准密度函数比较各维度刻画的人物特征表示。人物性格特征在两组数据集上的分布均遵循高斯分布，这可以帮助构成样本之间的显著对比，进一步促进对数据集的分类。例如，EXT 和 OPN 特征属性分布更加集中。与 Twitter-15 数据集相比，Twitter-17 数据集在 OPN、CON、AGR 维度上的特征表示数值略高，意味着人物特征更加明显。这些人物性格的分布特征和持续性可直接影响人物的情绪表现。

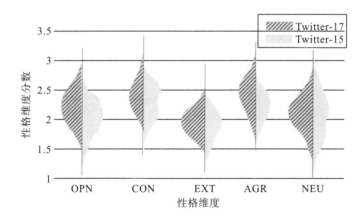

图 7.6 人物性格特征表示分布

  本章消融对比实验分别研究了模型中人物特征知识内核和交互注意力融合网络内部组件的有效性，如表 7.3 和表 7.4 所示。表 7.3 采用五种对比模型分析了人物特征知识内核的有效性：①w/o P2K 表示直接去除知识内核，即不考虑人物特征对情感分析的影响；②w/o Cluster 表示数据集 Ω 不划分，初始化唯一 P2K 并利用整个数据集的样本进行训练；③w/o Personality-Gate 表示去除人物特征门控，直接将 P2K 的输出 $H_{k_i}^p$ 与多模态特征融合；④w/o Multi-View 表示去掉多视角人物特征门控机制，探讨数据稀疏对 ABMSA 的影响；⑤w/o Entity-MHA 表示使用 MHA($h_{j,k_i}^{s_i}, h_{j,k_i}^{s_i}, h_{j,k_i}^{s_i}$) 代替 MHA($h_{j,k_i}^{s_i}, h_{j,k_i}^{t}, h_{j,k_i}^{s_i}$)，旨在分析粗粒度级的人物性格特征对实体级情感分析的影响。

表 7.3　人物性格特征内核消融对比实验

模型	Twitter-15 数据集		Twitter-17 数据集	
	ACC	Macro-F_1	ACC	Macro-F_1
所提模型	78.04	73.91	72.23	70.38
w/o P2K	76.14	71.13	69.74	67.18
w/o Cluster	76.68	71.61	70.58	67.84
w/o Personality-Gate	77.23	72.78	70.98	68.03
w/o Multi-View	77.16	72.77	71.29	68.39
w/o Entity-MHA	76.80	72.13	71.33	68.91

表 7.4　交互注意力融合网络消融对比实验

模型	Twitter-15 数据集		Twitter-17 数据集	
	ACC	Macro-F_1	ACC	Macro-F_1
所提模型	78.04	73.91	72.23	70.38
w/o Text	76.51	71.77	71.12	68.90
w/o Image	77.23	72.67	69.73	67.24
w/o Image-Gate	77.55	73.18	71.31	69.13

（1）P2K 的有效性。w/o P2K 的 ACC 和 Macro-F_1 值在两个数据集上分别下降 1.90、2.78 和 2.49、3.20，足以证明本章 P2K 提取的人物特征是有帮助的。如表 7.1 所示，Twitter-17 数据集中三种情感极性样本数量的分布比 Twitter-15 数据集的分布更不均匀，在这种情况下，考虑用户特征的效果更加显著。

（2）子空间划分的必要性。当未根据人物特征对数据集 Ω 进行划分时，在两个数据集上的 ACC 和 Macro-F_1 值分别下降 1.36、2.30 和 1.65、2.54。这一方面证明使用不加区分的人物潜在特征对模型情感预测没有帮助，甚至起相反作用；另一方面，更说明缺失对人物特征个性化的考虑，会造成系统性能显著下降。

（3）人物特征门控的有效性。为了挖掘 P2K 提取的人物特征与实体的联系，本章设计了基于实体的人物特征门控机制。相对于所提模型，w/o Personality-Gate 的 ACC 和 Macro-F_1 值分别平均下降 1.03 和 1.74，进而证明了人物特征门控的有效性。

（4）数据稀疏的影响。与所提模型相比，w/o Multi-View 在两个数据集上的 ACC 和 Macro-F_1 值分别平均下降了 0.91 和 1.56，证实了数据稀疏性对 P2K 提取人物性格特征的影响，以及多视角特征门控机制的有效性。

（5）粗粒度人物性格特征的影响。w/o Entity-MHA 从句子级的粗粒度层面提取人物的性格特征，而本章的任务是挖掘细粒度实体的情感极性，因此导致了在 Twitter-15 和 Twitter-17 上的 ACC 和 Macro-F_1 值分别平均下降了 1.07 和 1.63。

对 IAFN 的消融对比实验如表 7.4 所示。为了控制变量，本章使用三种对比模型并保持 P2K 中的结构不变：①w/o Text 表示将 IAFN 中基于实体的文本特征去除；②w/o Image 表示将数据样本中基于实体的图像特征去除；③w/o Image-Gate 表示去掉基于实体的图像特征门控，直接将 ResNet 网络输出 $\boldsymbol{Q}_f^v$ 作为图像特征融合到基于实体的多模态特征中。

（1）基于实体的人物性格特征门控有效性分析。由 ResNet 提取的图像特征中会包含与实体不相关的噪声信息。对比本章模型，w/o Image-Gate 的 ACC 和 Macro-F_1 值在两个数据集上分别下降 0.49、0.73 和 0.92、1.25，证明了图像门控的必要性。进一步分析可以看出，在 Twitter-17 数据集中，图像信息噪声比 Twitter-15 中严重。

（2）文本特征与图像特征。如表 7.4 所示，w/o Text 和 w/o Image 在两个数据集上的分类性能对比本章模型均有明显下降，证明文本和图像特征对实体级情感分析缺一不可。需要注意的是，w/o Text 模型在 Twitter-15 上的 ACC 和 Macro-F_1 值分别下降 1.53、2.14，在 Twitter-17 上分别下降 1.11、1.48；w/o Image 模型在 Twitter-15 分别下降 0.81、1.24，在 Twitter-17 分别下降 2.50、3.14。因此，在 Twitter-15 数据集中，文本特征信息对分类性能的贡献更大，而在 Twitter-17 数据集中，图像特征对模型分类性能的贡献更大。

本章进一步研究模型架构对 AIoT 中人物个性特征建模任务和 ABMSA 任务耦合方式的迁移性，因此迁移实验分别选取四个文本情感分析模型（MemNet、IAN、RAM、MGAN）和四个多模态情感分析模型（Res + MGAN、ESAFN、MIMN）来替换 IAFN 提取基于实体的人物性格特征。

图 7.7 表示为使用模型对上述基准方法与 P2K 耦合前后的 ACC 和 Macro-F_1 值。对于多模态情感分析方法，人物特征最高可以带来 ACC 和 Macro-F_1 值分别 1.31 和 3.13 的显著增益，对于文本情感分析方法，可带来最高 1.21 和 1.97 的增益。进一步分析得出以下结论：①在 Twitter-17 数据集上，基准模型的性能提升比在 Twitter-15 数据集上更显著，这代表 Twitter-17 数据集中蕴含的人物潜在特征更加丰富；②相较于文本情感分析，人物特征对多模态情感分析任务的性能提升更明显，原因是图像中人物表情包含更丰富的潜在性格特征；③对于评价指标 ACC 和 Macro-F_1 值，考虑人物性格特征的方法对改善系统的 Macro-F_1 值更加有效，表明引入人物性格特征可增强系统性能的稳定性。

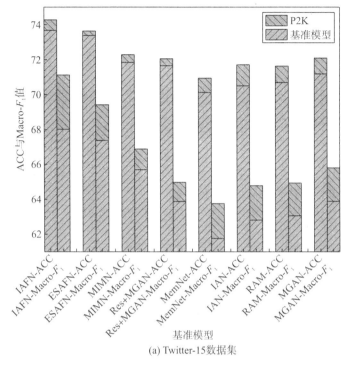

(a) Twitter-15数据集

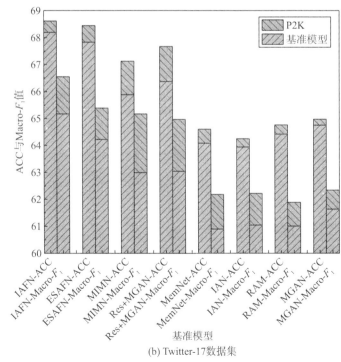

(b) Twitter-17数据集

图 7.7　两个数据集的文本情感分析模型和多模态情感分析模型的迁移实验

7.5 本 章 小 结

本章研究了 AIoT 中人物潜在性格特征对 ABMSA 任务的影响，提出一种端到端人物性格感知的多模态情感分析架构。总体来说，该方法将自适应提取人物性格特征的 P2K 和提取实体多模态特征的 IAFN 紧耦合于统一的架构中并行优化。在公共数据集上的实验表明，利用人物的潜在性格特征可以增强 ABMSA 任务，这也是本章所提方法在整体性能方面优于以往多模态情感计算研究工作的原因。另外，模型可以在其他实体级情感分析方法上进行无差别迁移，对实体的多模态特征和人物性格特征进行高效的耦合。针对用户评价与实体不相关的情况，未来的工作将考虑通过引入外部先验知识对实体评价进行补充。

参 考 文 献

[1] Corneanu C A, Simón M O, Cohn J F, et al. Survey on RGB, 3D, thermal, and multimodal approaches for facial expression recognition: History, trends, and affect-related applications[J]. IEEE Transactions on Pattern Analysis and Machine Intelligence, 2016, 38(8): 1548-1568.

[2] Eyben F, Wöllmer M, Graves A, et al. On-line emotion recognition in a 3-D activation-valence-time continuum using acoustic and linguistic cues[J]. Journal on Multimodal User Interfaces, 2010, 3(1): 7-19.

[3] Wöllmer M, Weninger F, Knaup T, et al. YouTube movie reviews: Sentiment analysis in an audio-visual context[J]. IEEE Intelligent Systems, 2013, 28(3): 46-53.

[4] Zadeh A, Chen M H, Poria S, et al. Tensor fusion network for multimodal sentiment analysis[EB/OL]. (2017-07-23)[2024-05-01]. https://arxiv.org/abs/1707.07250v1.

[5] Poria S, Cambria E, Hazarika D, et al. Context-dependent sentiment analysis in user-generated videos[C]//Proceedings of the 55th Annual Meeting of the Association for Computational Linguistics (Volume 1: Long Papers), Vancouver, 2017: 873-883.

[6] Bertero D, Siddique F B, Wu C S, et al. Real-time speech emotion and sentiment recognition for interactive dialogue systems[C]//Proceedings of the 2016 Conference on Empirical Methods in Natural Language Processing, Austin, 2016: 1042-1047.

[7] Xu N, Mao W J, Chen G D. Multi-interactive memory network for aspect based multimodal sentiment analysis[J]. Proceedings of the AAAI Conference on Artificial Intelligence, 2019, 33(1): 371-378.

[8] Yu J F, Jiang J. Adapting BERT for target-oriented multimodal sentiment classification[C]. International Joint Conference on Artificial Intelligence, Macao, 2019: 5408-5414.

[9] Yu J F, Jiang J, Xia R. Entity-sensitive attention and fusion network for entity-level multimodal sentiment classification[J]. IEEE/ACM Transactions on Audio, Speech, and Language Processing, 2020, 28: 429-439.

[10] Digman J M. Personality structure: Emergence of the five-factor model[J]. Annual Review of Psychology, 1990, 41(1): 417-440.

[11] Myers I B, McCaulley M H, Quenk N L, et al. MBTI Manual: A Guide to the Development and Use of the Myers-Briggs Type Indicator[M]. Palo Alto: Consulting Psychologists Press, 1998.

[12] Majumder N, Poria S, Gelbukh A, et al. Deep learning-based document modeling for personality detection from text[J]. IEEE Intelligent Systems, 2017, 32(2): 74-79.

[13] Teijeiro-Mosquera L, Biel J I, Alba-Castro J L, et al. What your face vlogs about: Expressions of emotion and big-five traits impressions in YouTube[J]. IEEE Transactions on Affective Computing, 2015, 6(2): 193-205.

[14] Güçlütürk Y, Güçlü U, Baró X, et al. Multimodal first impression analysis with deep residual networks[J]. IEEE Transactions on Affective Computing, 2018, 9(3): 316-329.

[15] Liu S, Li W, Wu Y F, et al. Jointly modeling aspect and sentiment with dynamic heterogeneous graph neural networks[EB/OL]. (2020-04-14)[2024-05-01]. https://arxiv.org/abs/2004.06427v1.

[16] Liang Y L, Meng F D, Zhang J C, et al. A dependency syntactic knowledge augmented interactive architecture for end-to-end aspect-based sentiment analysis[J]. Neurocomputing, 2021, 454: 291-302.

[17] Ma M M, Ren J, Zhao L, et al. SMIL: Multimodal learning with severely missing modality[C]. Proceedings of the AAAI Conference on Artificial Intelligence, 2021, 35(3): 2302-2310.

[18] Dong L, Wei F R, Tan C Q, et al. Adaptive recursive neural network for target-dependent twitter sentiment classification[C]//Proceedings of the 52nd Annual Meeting of the Association for Computational Linguistics (Volume 2: Short Papers), Baltimore, 2014: 49-54.

[19] Lu D, Neves L, Carvalho V, et al. Visual attention model for name tagging in multimodal social media[C]//Proceedings of the 56th Annual Meeting of the Association for Computational Linguistics (Volume 1: Long Papers), Melbourne, 2018: 1990-1999.

[20] Zhang Q, Fu J L, Liu X Y, et al. Adaptive co-attention network for named entity recognition in tweets[C]//The AAAI Conference on Artificial Intelligence, Louisiana, 2018: 5674-5681.

[21] Wang Y Q, Huang M L, Zhu X Y, et al. Attention-based LSTM for aspect-level sentiment classification[C]//Proceedings of the 2016 Conference on Empirical Methods in Natural Language Processing, Austin, 2016: 606-615.

[22] Tang D Y, Qin B, Feng X C, et al. Effective LSTMs for target-dependent sentiment classification[EB/OL]. (2015-12-03)[2024-05-01]. https://arxiv.org/abs/1512.01100v2.

[23] Tang D Y, Qin B, Liu T. Aspect level sentiment classification with deep memory network[EB/OL]. (2016-05-28)[2024-05-01]. https://arxiv.org/abs/1605.08900v2.

[24] Ma D H, Li S J, Zhang X D, et al. Interactive attention networks for aspect-level sentiment classification[EB/OL]. (2017-09-04)[2024-05-01]. https://arxiv.org/abs/1709.00893v1.

[25] Fan F F, Feng Y S, Zhao D Y. Multi-grained attention network for aspect-level sentiment classification[C]//Proceedings of the 2018 Conference on Empirical Methods in Natural Language Processing, Brussels, 2018: 3433-3442.

[26] Chen P, Sun Z Q, Bing L D, et al. Recurrent attention network on memory for aspect sentiment analysis[C]//Proceedings of the 2017 Conference on Empirical Methods in Natural Language Processing, Copenhagen, 2017: 452-461.

[27] Lu J S, Batra D, Parikh D, et al. ViLBERT: Pretraining task-agnostic visiolinguistic representations for vision-and-language tasks[J]. Advances in Neural Information Processing Systems, 2019: 13-23.

[28] Khan Z, Fu Y. Exploiting BERT for multimodal target sentiment classification through input space translation[C]//Proceedings of the 29th ACM International Conference on Multimedia, Virtual Event, 2021: 3034-3042.

[29] Hazarika D, Poria S, Zadeh A, et al. Conversational memory network for emotion recognition in dyadic dialogue videos[C]//Proceedings of the 2018 Conference of the North American Chapter of the Association for Computational Linguistics: Human Language Technologies, Volume 1（Long Papers）, New Orleans, 2018: 2122.